中等职业教育课程改革"十二五"规划教材

水暖通风空调工程基础

主　编　王东萍

副主编　郭红伟

编　者　王东萍　郭红伟　曲晓萍

　　　　孙秀明　武芳芳　尚苏芳

　　　　石　晶

主　审　焦志鹏

U0195872

西北工业大学出版社

NORTHWESTERN POLYTECHNICAL UNIVERSITY PRESS

【内容简介】 本书包括建筑给水、排水工程施工图的识读,建筑采暖工程施工图的识读,热水和燃气供应系统,通风空调工程施工图的识读等内容。本书以项目所需知识整合教材内容,依据最新规范,结合工程中的新材料、新工艺、新技术、新设备,详细介绍各系统的组成、工作原理、主要设备和系统工程图。本书简明扼要、图文并茂。

本书是河南省建筑工程学校建筑设备安装相关专业的教材,也可作为安装计价员、施工员的培训教材。

图书在版编目(CIP)数据

水暖通风空调工程基础/王东萍主编. —西安:西北工业大学出版社,2013.1
ISBN 978-7-5612-3563-8

Ⅰ.①水… Ⅱ.①王… Ⅲ.①给排水系统—建筑安装工程—识别—高等学校—教材 ②采暖设备—建筑安装工程—识别—高等学校—教材 ③通风设备—建筑安装工程—识别—高等学校—教材 ④空气调节设备—建筑安装工程—识别—高等学校—教材 Ⅳ.①TU8

中国版本图书馆 CIP 数据核字(2013)第 011450 号

出版发行:西北工业大学出版社
通信地址:西安市友谊西路 127 号   邮政编码:710072
电　　话:(029)88493844　88491757
网　　址:www.nwpup.com
印　刷　者:河南永成彩色印刷有限公司
开　　本:787 mm×1 092 mm　1/16
印　　张:11
字　　数:262 千字
版　　次:2013 年 2 月第 1 版　　2013 年 2 月第 1 次印刷
定　　价:26.00 元

河南省建筑工程学校校本教材编写委员会

前 言

　　本教材在编写时,依据最新的教学理念,打破传统学科课程以知识为主线构建知识体系的模式,以识读建筑给水排水工程、建筑采暖工程、建筑燃气工程、通风空调工程施工图能力为目的将教材内容分解成 4 个项目,每个项目拆分成若干个任务,完成项目中的每个任务,就是说完成了本项目的学习,也就具备了识读本项目施工图的初步能力。采用以建筑水、暖、燃气、通风空调工程施工图识读作为项目引领,通过项目引领来整合基本知识与技能,适合采用"项目引领"的模式进行教学。

　　本教材是河南省建筑工程学校的教材,由王东萍任主编,郭红伟任副主编。具体编写分工是:孙秀明编写项目一中的任务 1、项目二中的任务 1;曲晓萍编写项目一中的任务 2,3,4,5;尚苏芳编写项目一中的任务 6,7;武芳芳编写项目二中的任务 2,3,4,5;王东萍编写项目三;石晶编写项目四中的任务 1,2,3;郭红伟编写项目四中的任务 4,5,6。本书特邀匠人规划建筑设计股份有限公司焦志鹏主审,在此表示感谢。

　　本教材在编写过程中,采用最新的规范、规程,及时将工程中的新材料、新技术、新工艺编入教材。编写人员在选用实际工程施工图时,也采用目前工程中较为先进的实际工程施工图,反复斟酌,反复修改,付出了很多努力!

　　由于水平有限,不足之处在所难免,恳请广大读者批评指正。

编　者

2012 年 12 月

目 录

项目一　建筑给水、排水工程施工图的识读 ············· 1

　　任务1　室内给水、排水系统 ············· 1

　　任务2　室内消防给水系统 ············· 12

　　任务3　常用给水、排水系统的管材与附件 ············· 21

　　技能实训　认识给水、排水常用的各种管材和管件 ············· 30

　　任务4　常用给水、排水设备 ············· 31

　　任务5　常用卫生器具 ············· 37

　　任务6　建筑给水、排水工程施工图的组成与表示方法 ············· 44

　　任务7　建筑给水、排水工程施工图的识读 ············· 49

项目二　建筑采暖工程施工图的识读 ············· 75

　　任务1　热水采暖系统 ············· 75

　　任务2　蒸汽采暖系统 ············· 81

　　任务3　散热器 ············· 85

　　任务4　采暖管道与附件 ············· 89

　　技能实训　认识采暖常用的各种管材和附件 ············· 94

　　任务5　建筑采暖工程施工图的识读 ············· 94

项目三　热水和燃气供应系统 ············· 112

　　任务1　热水供应系统 ············· 112

　　任务2　热水管道与常用附件 ············· 116

　　任务3　燃气供应系统概述 ············· 119

　　任务4　室内燃气供应系统 ············· 121

　　任务5　室内燃气工程施工图 ············· 125

项目四　通风空调工程施工图的识读 ············· 134

　　任务1　通风系统 ············· 134

　　任务2　风道与通风设备 ············· 137

　　任务3　空气调节系统 ············· 142

任务4　空调水系统 ··· 144

任务5　空调系统的冷热源 ··· 146

任务6　通风空调工程施工图的识读 ··· 148

参考文献 ··· 168

项目一

建筑给水、排水工程施工图的识读

任务 1 室内给水、排水系统

【任务介绍】

本任务主要介绍了室内给水系统的组成、常用的给水方式、排水系统的组成、管道布置敷设要求等内容。

【任务目标】

熟悉室内给水系统、排水系统的组成,熟悉室内给水系统的给水方式,熟悉常用的排水形式,熟悉给排水管道的布置敷设基本要求。

【任务引入】

大家所在的教学楼除了教室,还有卫生间,卫生间内各种卫生器具的水从哪来? 我们用完的水成了污废水,这些水又去了哪里?

【任务分析】

卫生间设置了各种卫生器具,卫生器具须有符合一定要求的水才能保证我们正常使用。在卫生间我们可以看到,这些水通过管道供应到各卫生器具,现在的建筑物层数越来越多,室外的水如何才能送到高层建筑内的各个卫生器具? 用过的水只有及时排到室外才能保证室内的干净、整洁,如何排出去呢? 看来我们有必要了解一个完整给水、排水系统的概况。

 相关知识

室内给水系统的任务是将小区给水管网的水引至建筑物内部,通过内部的管网系统将水送到室内的各个用水点,满足各用水点对用水的要求。

一、室内给水系统

(一)室内给水系统的分类与组成

1.分类

按供水对象的不同,室内给水系统可分为以下几类:

（1）生活给水系统：提供建筑物内的饮用、盥洗、沐浴等生活用水的给水系统称为生活给水系统。要求供水水质必须符合国家现行的《生活饮用水卫生标准》要求。

（2）生产给水系统：提供在生产中所需要的设备冷却水、原料和产品的洗涤水、锅炉用水及生活原料（如酿酒）用水等给水系统称为生产给水系统。生产用水对水质的要求因生产工艺及产品的不同而异，同时也必须满足生产工艺对水量、水压及安全方面的要求。

（3）消防给水系统：为多层及高层民用建筑、某些工业建筑提供消防设备用水的给水系统称为消防给水系统。消防给水系统对水质要求不高，但必须符合建筑设计防火规范的相关要求，保证有足够的水压和水量。

在一幢建筑物内，可以单独设置以上三种系统，也可按根据水质、水压等需要结合室外给水系统情况，组成不同的共用给水系统。例如，生活、生产共用系统，生产、消防共用系统等。

2.组成

室内给水系统主要由引入管、计量仪表、室内给水管网、给水附件、给水设备、配水设施等组成。

引入管将水由室外引到建筑物内部，通过室内给水管网将水送至各个用水点，经配水设施将水放出，满足用水要求。计量仪表包括水表、水位计、温度计、压力表等，用以计量用水量、显示水位、显示温度、显示压力等。给水附件包括控制附件、调节附件和安全附件，如截止阀、闸阀、蝶阀、安全阀、减压阀、水泵多功能控制阀等，主要用于调节系统内水的流向、压力、流量，保证系统安全，减少因管网维修造成的停水范围，方便系统的维护管理等。给水设备是指用于升压、稳压、储水和调节的设备，如水池、水泵、水箱等。

（二）常用的给水方式

室内给水系统的给水方式就是室内的供水方案，它主要取决于室内给水系统所需要的水压与室外管网所能够提供的压力关系。在初步设计时，对于居住类建筑的生活给水系统，可用经验法估算室内给水系统所需压力，即一层为 100 kPa，二层为 120 kPa，三层及以上每增加一层，所需水压增加 40 kPa。

常用的给水方式主要有以下几种：

1.直接给水方式

室外管网的水量、水压在一天内任何时间均能满足建筑物内用水要求时，可直接利用室外管网的压力向室内给水系统供水，这种供水方式为直接供水方式，如图 1-1 所示。这种给水方式一般用于多层建筑。

直接给水方式一般布置成下分式系统，即横干管设在底层地面以下，可以直接埋地、敷设在地沟内或地下室天棚下。

由于室外管网可以满足建筑物内用水的各项要求，建筑内不需要设置水箱、水泵等设备，因此投资少，施工方便，并且维护管理简单。

2.设水箱的给水方式

室外管网的水量和水质能满足室内给水管网的要求，但水压在用水高峰时段出现不足，或建筑物要求水压稳定，可采用设水箱的给水方式，如图 1-2 所示。这种给水方式一般用于多层建筑。

设水箱的给水方式一般布置成上分式系统，即横干管布置在建筑物的上方，可以设在顶层天棚下、顶层吊顶内或设备层内，个别建筑物设在屋面上。这种给水方式的工作过程是：当室外给水管网的压力能满足室内需要时,由室外管网向室内各用水设备供水,同时由引入管通过横干管向水箱充水;当室外管网压力不足时,由水箱向室内给水系统供水。这种给水方式的水箱容积较大,应考虑水箱的二次污染问题。

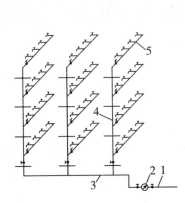

图1-1　直接给水方式

1—引入管;2—水表;3—横干管;4—立管;5—横支管

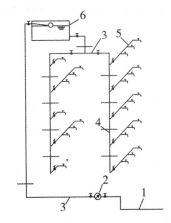

图1-2　设水箱的给水方式

1—引入管;2—水表;3—横干管;4—立管;5—横支管;6—水箱

3. 设水池、水泵、水箱给水方式

室外管网的水质和水量能满足室内给水系统的需要,但水压经常不足,可采用设水池、水泵、水箱的给水方式,如图1-3所示。来自室外给水管网的水进入储水池,利用水泵将储水池的水提升送至高位水箱,同时由水箱向室内给水管网供水;水箱充满水后,水泵停止工作,水箱向室内给水系统供水。当水箱内的水位下降到最低设计水位时,水泵再次启动,向水箱充水,同时向室内管网供水。

如果水泵直接从室外管网抽水而不影响其他建筑物的正常用水时,可不设储水池;如果室内用水量均匀,可不设高位水箱。

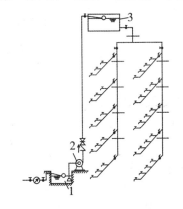

图1-3　设水池、水泵、水箱的给水方式

1—储水池;2—水泵;3—水箱

由于水泵能及时向水箱充水,水箱的容积大大减少;又因水箱有调节作用,水泵的出水量稳定,水泵可在高效率下工作;由于水池、水箱内储存一定的水量,在停水、停电时可延时供水,供水安全可靠,供水压力稳定。这种给水方式一般布置成上分式系统。

4. 设变频调速泵组给水方式

室外管网压力不足、建筑物内用水不均匀,且建筑物顶部不宜设高位水箱时,可采用变频调速给水装置进行供水,如图1-4所示。这种给水系统一次投资较大。

5. 分区给水方式

在高层建筑中,室外管网的水压往往只能满足下部几个楼层的水压要求,为充分利用室外管网的压力,可将建筑物下部几个楼层设成一个区,采用直接供水方式;上部区域设升压设备。一般各分区最低卫生器具配水点处的静水压力不宜大于0.45 MPa,最大不得大于0.55 MPa,因此,当建筑物层数较多时,上部区域又需再分成若干个区,以保证各配水点处的卫生器具不超压。

当建筑物层数不多时,下区采用直接给水方式,上区采用水池、水泵、水箱的给水方式,两区之间由一根或两根给水立管相连通,分区处装闸阀或蝶阀,必要时整个室内给水管网可全部采用直接给水方式或全部采用上区的给水方式,如图1-5所示。

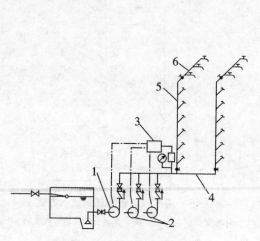

图1-4　变频调速给水方式

1—变频泵;2—工频泵;3—电控柜;

4—给水横干管;5—给水立管;6—给水横支管

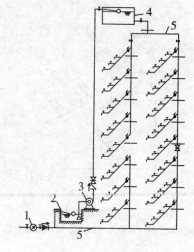

图1-5　分区给水方式

1—水表;2—储水池;3—水泵;

4—水箱;5—给水横干管

当建筑物层数较多时,高层建筑的上部区域须划分成若干个区,根据各区管网系统的相互关系,可分为并联分区给水方式、串联分区给水方式、分区减压水箱给水方式、分区减压阀给水方式等,下面介绍高层建筑常用的给水方式。

(1)分区串联给水方式:分区串联给水方式是水泵分散设置在各区的楼层之中,下一区的高位水箱兼作上一区的储水池,如图1-6所示。如果各区泵组为变频调速泵组,则可省去各区的高位水箱,但在各区水泵前须设置管道倒流防止器,以防止水压回传。

分区串联给水方式的特点是:各区水泵的扬程较小,没有高压水泵和高压管道,因此可用于100 m以上的高层建筑;水泵分散设置,维护管理不便;水泵设在各楼层,隔振、隔声处理复杂;水泵、水箱所占的楼层面积、空间较大;下区发生故障,将影响上部区域的供水。

(2)分区并联给水方式:每一分区分别设置一套独立的水泵和高位水箱,向各区独立供水,如图1-7所示。其水泵

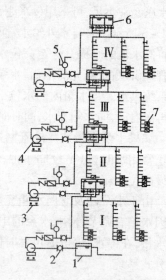

图1-6　分区串联给水方式

1—储水池;2—可曲挠接头;

3—减振台;4—加压水泵;

5—水锤消除器;6—水箱;7—减压阀

一般集中设置在建筑的地下室或独立的水泵房。如将水泵改为变频调速给水装置,可省掉各区的高位水箱,原理如图1-8所示。各区的水泵也可采用气压给水设备代替,省掉各区的高位水箱。

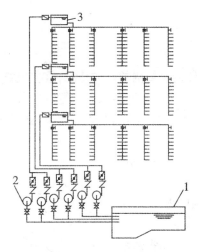

图1-7　分区并联给水方式

1—储水池；2—水泵；3—水箱

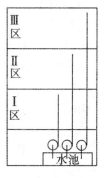

图1-8　设变频调速给水装置的
并联分区给水方式原理图

分区并联给水方式的特点是：各区相互独立，互不影响；升压设备集中，维护管理方便；但升压设备数量多，占用空间大；管材用量大，设备费用高；上区水泵的扬程大，有高压管道，在使用时应考虑水击问题，因此分区并联给水方式适用于100 m以下的高层建筑。

（3）分区减压水箱给水方式：由设置在地下室（或底层）的水泵将整幢建筑的用水量提升至屋顶水箱，然后再分送至各分区水箱，各分区水箱起到减压的作用，如图1-9所示。

分区减压水箱给水方式的特点是：水泵数量少，水泵房面积小，维护管理简单；屋顶水箱容积大，分区减压水箱容积小；建筑物高度大时，下区减压水箱中控制水位的装置承压大；水泵的扬程高，有高压管道，适用于100 m以下的建筑物；水泵的动力费用高；上区供水系统故障，将影响下部区域的供水。

（4）分区减压阀给水方式：分区减压阀给水方式的工作原理与分区减压水箱给水方式相同，不同的是用减压阀组代替减压水箱，如图1-10所示。为保证供水的安全性，宜采用两组减压阀，并联设置，一用一备，且不得设置旁通管。

分区减压阀给水方式的特点与分区减压水箱给水方式相似，并省掉了减压水箱，减少二次污染与水箱的自重等问题，但系统对减压阀组的安全性要求较高。该系统也适用于100 m以下的建筑物。

（三）室内给水管道的布置与敷设

1.给水管道的布置

室内给水管道布置的总原则是：力求管线最短，阀门少，

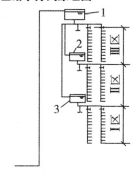

图1-9　分区减压水箱给水方式

1—屋顶水箱；2—中区水箱；3—下区水箱

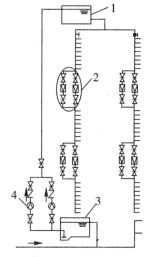

图1-10　分区减压阀给水方式

1—屋顶水箱；2—减压阀组；
3—储水池；4—水泵

便于安装和维修,不影响美观。

(1)引入管和水表节点。

1)引入管。

一幢单独建筑物的给水引入管,应结合室外给水管网的具体情况,宜从建筑物用水量最大处引入,如卫生器具分布比较均匀,则引入管宜从房屋中间引入。一般的建筑物的生活给水系统设一根引入管,在室内采用枝状管网,单向供水。对不允许停水的建筑物,应设两根以上的引入管,在室内连成环状或贯通枝状双向供水。当从室外同一管段上引入时,两根引入管间距不得小于10 m,并应在接点间设置阀门,如图1-11所示。

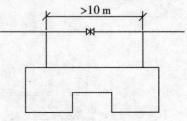

图1-11 同侧引入管示意图

引入管的埋设深度主要根据室外给水管网的埋深及当地的气候、水文地质和地面荷载而定。根据荷载要求,车行道下的管道覆土深度最小为0.7 m。同时要考虑冰冻深度要求,管顶至少在土壤冰冻线以下0.15 m。

引入管的位置应考虑到便于水表的安装和维护管理,同时要注意和其他地下管线的协调。给水引入管和污废水排出管管外壁的水平距离不宜小于1.0 m,与电线管的水平距离应大于0.75 m,与燃气管道的水平距离应大于1.0 m。

引入管穿越承重墙或基础时,应注意保护管道。若基础埋深较浅,则管道可从基础底部穿过;若基础埋深较深,则管道穿越承重墙或基础时应预留洞,且管顶上部净空不得小于建筑物的最大沉降量,一般不宜小于0.1 m。对于有不均匀沉降、胀缩或受振动的构筑物且防水要求严格时,应采用柔性防水套管。遇到湿陷性黄土,引入管可从地沟内引入。室内给水排水管道穿越基础、楼板预留洞尺寸如表1-1所示。

表1-1 建筑内部给排水管道穿越基础、楼板预留洞尺寸

序号	管道名称	管径 DN/mm	明管	暗管
			长/mm×宽/mm	宽/mm×深/mm
1	给水立管	$DN \leqslant 25$	100×100	130×130
		$DN = 32 \sim 50$	150×150	150×150
		$DN = 70 \sim 100$	200×200	200×200
2	给水引入管	$DN \leqslant 40$	200×200	
		$DN = 50 \sim 100$	300×300	
3	排水立管	$DN \leqslant 50$	150×150	200×130
		$DN = 70 \sim 100$	200×200	250×200
		$DN = 125 \sim 150$	300×300	300×300
4	排出管	$DN \leqslant 80$	300×300	
		$DN = 100 \sim 200$	$(DN+300) \times (DN+300)$	

2)水表节点。

必须单独计量用水量的建筑物,应在引入管上设水表。为便于检修,水表前设阀门,水表后可设止回阀和放水阀。放水阀的主要作用:用于检查水表的灵敏度,以便于水表的维修和更换;用于检修室内时,将系统内的水放空。只有一个引入管的工业建筑,为防止断水而影响正

常生产,应绕水表设旁通管。如图 1-12 所示是带旁通管的水表节点示意图,由阀门、Y 型除污器、水表、泄水龙头、防回流污染的管道倒流防止器组成。

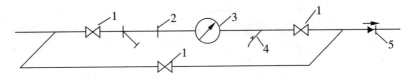

图 1-12 带旁通管的水表节点示意图
1—阀门;2—Y 型除污器;3—水表;4—泄水龙头;5—防回流污染止回阀

水表节点一般安装在建筑物外专门的水表井内,并距建筑物外墙 2.0 m 以上;寒冷地区可在室内设水表井。水表井的位置应考虑查表方便、便于检修和不受污染。安装水表的地方气温应在 2 ℃以上。

(2)室内管道系统。室内给水管道的布置与建筑性质、外形、结构状况、卫生器具布置及采用的给水方式有关,根据建筑物采用单或双向供水,分别布置为枝状、环状或贯通状。

室内给水管道布置和敷设时应注意以下几点:

1)管道不得布置在遇水会引起燃烧、爆炸或损坏的原料、产品和设备上方,并应避免在生产设备上面通过,不得穿越生产设备基础。

2)给水管道不得敷设在烟道、风道、电梯井和排水沟内,不得穿越大便槽、小便槽,且立管与大、小便槽端部的距离不得小于 0.5 m。

3)给水管道不应穿越配电房、电梯机房、通信机房、大中型计算机房、计算机网络中心、音像库房等遇水会损坏和引发事故的房间。

4)给水管道不宜穿过橱窗、壁框和木装修,不宜穿过建筑物的伸缩缝、沉降缝,不宜与输送易燃、可燃或有害气体、液体的管道同沟敷设。与其他管道同沟或共架敷设时,宜敷设在排水管、冷冻管上面或热水管、蒸汽管的下面。

5)塑料给水管道在室内宜暗设。明设的塑料给水立管应布置在不易受撞击处,如不能避免,应在管外加保护措施。塑料给水管道不得布置在灶台上边缘;明设塑料给水立管距灶台边缘不得小于 0.4 m,距燃气热水器边缘不宜小于 0.2 m,否则应有保护措施。

6)塑料给水管道不得与水加热器或热水炉直接连接,应有不小于 0.4 m 的金属管段过渡。

根据给水横干管的布置位置,室内给水管道的布置形式可分为以下几种:①下分式。给水横干管布置在系统的下部,通过立管向上供水,横干管可以敷设在地下室、地沟或直接埋地。适用于直接利用室外管网压力供水的建筑物。②上分式。给水横干管布置在系统的上部,通过立管向下供水,横干管可安装在设备层内、吊顶内、顶层天棚下或非冰冻区的平屋顶上。多用于建筑物上部设有水箱的给水系统。③中分式。给水横干管布置在中间设备层或某中间层的吊顶内,向上、下两个方向供水。适用于屋顶做露天茶座、舞厅或有中间技术层的高层建筑。④环绕式。给水横干管或配水立管互相连接成环,组成横干管环状或立管环状。适用于不允许停水的大型公共建筑、工艺有特殊要求的工业建筑及消防管网。

2.敷设方式

根据建筑物对美观和卫生方面的要求不同,室内给水管道的敷设可分为明装和暗装两种。

(1)明装。明装就是管道在室内暴露安装。管道应尽量沿墙、梁、柱、天花板下、地板旁直线敷设,以求美观。明装的优点是安装和维修方便、造价低;缺点是影响美观、凝结水、积灰、妨碍环境卫生等。明装适用于一般民用建筑和厂房,厂房内管道架空敷设时,应注意与其他管道协调配合,不得妨碍生产操作、交通运输和建筑物的使用,且一定要符合安全防火要求。

(2)暗装。暗装就是把管道隐蔽起来安装。水平管可敷设在吊顶内、管道设备层内、地下室、地沟、地面找平层内或直接埋地。立管可敷设在管道井或墙槽内。

敷设在找平层或管槽内的管道应注意以下几点:给水支管的外径不宜大于 25 mm;给水管道宜采用塑料管、金属与塑料复合管或耐腐蚀的金属管材;若采用卡套式或卡环式接口连接的管材,宜采用分水器向各卫生器具配水,中间不得有连接配件。管道安装完毕,地面宜有管道位置的临时标识。

管道暗装的优点是室内美观和卫生条件好;缺点是施工复杂,维修不便,造价高。适用于对装饰和卫生标准要求高以及生产工艺有特殊要求的建筑物,如宾馆、医院、高级住宅、精密仪器或电子元件车间等。

给水管道在地沟内或沿墙、柱及管道井内敷设时,应按施工技术规程和设计要求,每隔一定距离设管卡或支、吊架以固定。如图 1-13 所示是几种常用的支、吊架。

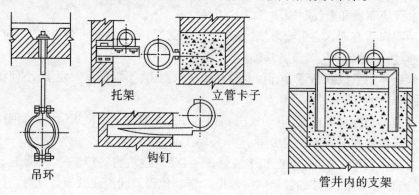

图 1-13 支、吊架

(3)敷设要求。给水管道在穿过建筑物内墙及楼板时,一般均应预留孔洞或设置金属或塑料套管,安装在楼板内的套管,其顶部应高出装饰地面 20 mm;安装在卫生间及厨房内的套管,其顶部要高出装饰地面 50 mm,底部与楼板底面相平;安装在墙壁内的管道,其两端与饰面相平。安装管道在墙中敷设时,也应预留墙槽,待管道装好后,用水泥砂浆堵塞,以防孔洞墙槽影响结构强度。

当层高不大于 5.0 m,在距地面高度 1.5~1.8 m 立管上安装一个管卡;当层高大于 5.0 m时,则需在立管上均匀安装两个管卡。

二、室内排水系统

室内排水系统的任务是将卫生器具、生产设备产生的污水与废水及降落到屋面上的雨、雪水,用经济合理的管径及时排至室外排水管中,并为室外污水的处理和综合利用提供便利条件。

(一)室内排水系统的分类与排水体制

1.分类

根据所排除水的来源不同,室内排水系统可分为三类:

（1）生活排水系统。排除居住建筑、公共建筑以及工厂生活间中的污废水，如盥洗、洗涤和粪便冲洗水。其中大便器、小便器产生的污水称为生活污水，洗涤盆、沐浴盆等产生的污水为生活废水。

（2）工业排水系统。排除工矿企业生产过程中所排出的生产污水和生产废水。生产污水污染严重，必须经过相关处理，达到排放标准后才能排放；生产废水仅受轻度污染，宜重复使用。

（3）雨水排水系统。排除屋面的雨水和融化的雪水。雨水、雪水一般比较清洁，可以直接排入水体。

2. 排水体制

室内排水系统的排水体制分为合流制排水体制和分流制排水体制两种。合流制排水体制是将两个或两个以上的排水系统用一个管道系统进行排出。分流制排水体制是将各个排水系统分别用独立的管道系统进行排出。对于居住建筑和公共建筑来说，将生活污水和生活废水分别用不同的管道系统排出的，称为分流制排水体制，否则称为合流制排水体制。

分流制与合流制的选择，应根据污水性质、污染程度、室外污水处理设施的完善程度等因素综合考虑。当有集中的城市污水处理厂时，生活污水和生活废水宜合流排出，室外不设化粪池等局部处理构筑物，这样有利于污水的集中处理。

（二）室内排水系统的组成

如图 1-14 所示是室内排水系统示意图，一个完整的排水系统由以下几部分组成。

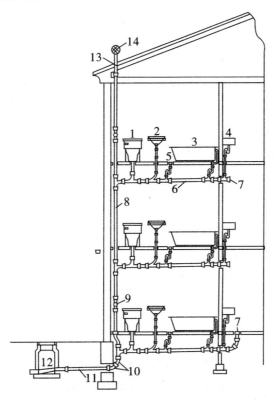

图 1-14　建筑内部排水系统

1—大便器；2—洗脸盆；3—浴盆；4—洗涤盆；5—地漏；6—横支管；7—清扫口；
8—立管；9—检查口；10—45°弯头；11—排出管；12—检查井；13—通气管；14—通气帽

（1）污水收集器：指各种收集并排出污水的卫生器具，排放生产废水的设备及雨水斗等。

（2）室内排水管道系统：包括器具排水管、横支管、立管、干管四部分。器具排水管是将各个污水收集器的污废水输送至排水横支管的管道；横支管是将各器具排水管的水沿水平方向输送至立管的管道；立管是将各个横支管的水沿垂直方向输送至干管的管道；干管是将各个立管的水输送至排出管的管道。

（3）排出管：又称出户管，是沿水平方向连接室内排水立管与室外排水系统之间的管道，排出管与室外管道连接处应设置检查井。分流制系统的生活污水先进入化粪池，局部处理后经检查井排入室外排水管道。排出管的管径不得小于连接立管的管径，排出管亦应具有一定的坡度。

（4）通气管：绝大多数排水管道系统利用污、废水的重力作用向室外排出，因此排水系统必须和大气相通。排水立管上部不过水的部分称为伸顶通气管，通气管的作用是：将室内排水管道中散发的有害气体排到大气中，防止室内管道系统积聚有害气体而损伤养护人员、发生火灾和腐蚀管道等现象的发生；向室内排水管道补给空气，是为了水流通畅、气压稳定，防止卫生器具水封被破坏；减少排水系统的噪声。

（5）清通设备：为便于排水管道的疏通，应在排水管道的适当部位设置清扫口、检查口和室内检查井等，其构造如图 1-15 所示。

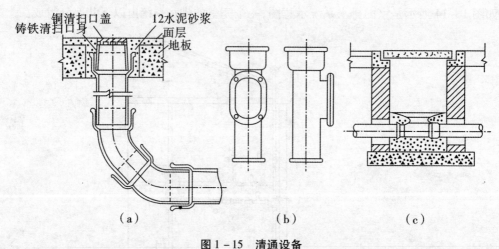

图 1-15　清通设备
(a)清扫口；(b)检查口；(c)室内检查井

1）清扫口：设置在排水横管上。采用铸铁管时，一根排水横管上连接两个或两个以上大便器，3 个或 3 个以上其他卫生器具以及横管水平转弯角度小于 135°时，宜设置清扫口；采用 PVC—U 管道时，一根横管上连接四个或四个以上大便器或横管水平转弯角度小于 135°时，宜设置清扫口。清扫口宜设置在楼板或地坪上与地面相平。

2）检查口：是一个带盖的开口配件，拆开盖板即可清通管道。检查口通常设在排水立管上，底层和有卫生器具的顶层宜设置检查口。采用铸铁管时，中间楼层隔一层设一个；采用 PVC—U 管时，每六层设一个。安装检查口时，应使盖板向外，以便于清通。检查口中心距地面 1.0 m，并且至少高出该楼层卫生器具上边缘 0.15 m。

3）室内检查井：对于不散发有害气体或大量蒸汽的工业废水管道，在管道转弯、变径、改变坡度及支管接入处,可在建筑物内设检查井,在直线管段上,排除生产废水时,检查井之间的距离不宜大于30 m;排除生产污水时,检查井的间距不宜大于20 m。

(6)特殊设备:当某些地下建筑物内的污水不能自流排至室外时,室内排水系统必须设置污水抽升设备;当建筑物内的污水不经处理不允许排入室外排水管道时,必须设置污水局部处理构筑物,如化粪池、隔油池等。

(三)室内排水管道的布置与敷设

1. 器具排水管道的布置与敷设

器具排水管上应设水封装置,以防止排水管道中的有害气体进入室内,常用的水封装置有S型和P型存水弯。有的卫生器具本身有水封装置可不另设,比如坐式大便器。

2. 排水横支管的布置与敷设

排水横支管不宜太长,尽量少转弯,连接的卫生器具不宜太多。

排水横支管一般沿墙布设,排水横支管与墙壁间应保持35～50 mm的施工间距。明装时,可以吊装于楼板下方,也可以在楼板上方沿地敷设;暗装时,可将横管安装在楼板下的吊顶内,在建筑无吊顶的情况下,可采用局部包装的办法,将管道包起来,但在包装时要留有检修的活门。排水横支管不得穿越建筑大梁,也不得挡窗户。横支管是重力流,要求管道有一定坡度坡向立管。

最下面的排水横支管,应与立管管底有一定的高差,以免立管中的水流形成的正压破坏该横支管上所有连接的水封。排水支管直接连接在排出管或横干管上时,其连接点与立管底部的水平距离不宜小于3.0 m,若不能满足上述要求时,排水支管应单独排至室外检查井或有效的防反压措施。

3. 排水立管的布置与敷设

明装时,排水立管常布置在墙角处或沿墙、柱垂直布置,与墙、柱的净距离为15～35 mm;暗装时,排水立管常布置在管井中,管井上应有检修门或检修窗。

排水立管宜靠近排水量最大、含杂质最多的排水设备,如住宅中的立管应设在大便器附近。立管不得穿越卧室、病房等对安静要求较高的房间,也不宜靠近与卧室相邻的内墙。为清通方便,排水立管上每隔一层应设检查口,但底层和最高层必须设,检查口距地面1.0 m。

排水立管穿越楼板时,预留孔洞的尺寸一般较通过的立管管径大50～100 mm,留洞尺寸如表1-1所示。并且应在通过的立管外加设一段套管,现浇楼板可以预先镶入套管。

4. 排水横干管与排出管的布置与敷设

排水横干管汇集了多条立管的污水,应力求管线简短、不拐弯,尽快排出室外。横干管穿越承重墙或基础时应预留洞口,预留洞口要保证管顶上部净空间不得小于建筑物沉降量,且不得小于0.15 m。排出管穿越地下室外墙时,为防止地下水渗入,应做穿墙套管,此外排出管一般采用铸铁管柔性接头,以防建筑物下沉时压坏管道。

排出管与室外排水管连接处应设检查井,检查井中心到建筑物外墙的距离不宜小于3 m,为使水流顺畅,排出管不宜过长,否则应在其间设置清扫口或检查口。排出管也可是排水横干管的延伸部分。

5. 通气管系统的布置与敷设

对于层数不多,卫生器具不多的建筑物通常采用伸顶通气管系统,建筑伸顶通气管的设置高度与周围环境、该地的气象条件及屋面使用情况有关,伸顶通气管高出屋面应不小于0.3

m，且大于该地区最大积雪厚度；对经常有人停留的屋顶，高度应大于 2.0 m；若在通气管口周围 4.0 m 以内有门窗时，通气管口应高出窗顶 0.6 m 或引向无门窗一侧；通气管口不宜设在建筑物挑出部分的下面，如屋檐檐口、阳台和雨篷等。

专门的通气管道系统适用于建筑标准要求较高的多层住宅、10 层及 10 层以上高层建筑的生活污水立管。通气管道系统由通气支管、通气立管、结合通气管和汇合通气管组成。

通气支管有环形通气管和器具通气管两类。环形通气管在横支管起端的两个卫生器具之间接出，连接点在横支管中心线以上，在卫生器具上边缘以上不小于 0.15 m 处，按不小于 0.01 的上升坡度与主通气立管相连，与横支管呈垂直或 45°连接。对卫生和安静要求较高的建筑物宜设置器具通气管，器具通气管在卫生器具存水弯的出口端接出，按不小于 0.01 的坡度向上与通气立管相连，器具通气管应在卫生器具上边缘以上不少于 0.15 m 处和主通气主管连接。

通气立管有专用的通气立管、主通气立管和副通气立管三类。为使排水系统形成空气流通环路，通气立管与排水立管间需设结合通气管（或称 H 管件），专用通气立管每隔 2 层设一个结合通气管，主通气立管宜每隔 8～10 层设一个结合通气管。结合通气管的上端在卫生器具上边缘以上不小于 0.15 m 处与通气立管以斜三通连接，且坡度为不小于 0.01 的上升坡度，下端在排水横支管以下与排水立管以斜三通连接。

若建筑物不允许或不可能每根通气管单独伸出屋面时，可设置汇合通气管。也就是将若干根通气立管在室内汇合，设一根伸顶通气管。

通气立管不得接纳污水、废水和雨水，不得与风道和烟道连接。

任务 2　室内消防给水系统

【任务介绍】

本任务主要介绍室内消火栓系统常用的给水方式、系统的组成、消火栓的布置要求以及自动喷水灭火系统的工作原理和系统常用组件等内容。

【任务目标】

掌握室内消火栓给水系统常用的给水方式，熟悉消火栓系统的组成，了解消火栓的布置要求，掌握自动喷水灭火系统的组成，掌握湿式自动喷水灭火系统的工作原理，熟悉自动喷水灭火系统常用组件。

【任务引入】

2000 年 12 月 25 日，河南洛阳东都商厦因违规电焊引起特大火灾，造成 309 人死亡；2009 年 2 月 9 日央视新大楼北配楼火灾，火灾损失保守估计达 7 亿元。火灾事故不仅给国家带来了巨大的经济损失，也危及人们的生命财产安全。大家都知道，失火时用水来灭火是比较常见的、有效的灭火方式，那么在建筑物发生火灾时，怎么保证及时、有效地灭火呢？

【任务分析】

在建筑内部设置完善的消防给水设施，可以保证在火灾发生时，能够提供良好的消防给水条件，以尽量减少火灾损失，保护国家和人民生命财产的安全。火灾虽是偶然事故，一旦发生危害无穷，因此对消防给水要求极为严格，必须使供水管网及设备处于常备不懈的警备状态，保证消防的用水需求。那么,常见的建筑消防给水系统有哪些形式? 系统有哪些组成部分呢? 是怎么供水灭火的呢?

 相关知识

消防给水系统种类繁多,有消火栓给水系统、自动喷水灭火系统、水幕系统、雨淋系统等。在工程中常见的是消火栓给水系统和自动喷水灭火系统。下面重点介绍这两种系统。

一、消火栓给水系统

消火栓给水系统由水枪喷水灭火,系统简单,工程造价低,是我国目前各类建筑普遍采用的消防给水系统。在多层建筑中,主要用于扑灭初期火灾;在高层建筑中,消防给水系统立足于自救,除扑灭初期火灾外,还要扑灭较大火灾。

(一)室内消火栓系统常用的给水方式

1.设高位消防水箱的室内消火栓系统

水压变化较大的城市和居住区,室外管网的压力和流量周期性不能满足室内最不利点消火栓的压力和流量时,宜采用设高位消防水箱的室内消火栓系统,这种系统主要用于多层建筑中,如图1-16所示。

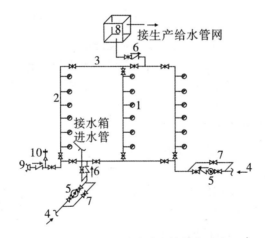

图1-16　设水箱的消火栓给水系统

1—室内消火栓;2—消防立管;3—消防干管;4—引入管;5—水表;6—止回阀;
7—旁通管及阀门;8—水箱;9—水泵接合器;10—安全阀

当生活、生产用水量达到最大时,室外管网不能保证室内最不利点消火栓的压力和流量,由水箱出水满足消防要求;而当用水量较小时,室外管网可向水箱补水。管网应独立设置,水箱可以生活、生产合用,但必须保证储存10 min的消防用水量,同时还应设水泵接合器。多层建筑中,水箱的设置高度应保证室内最不利点消火栓所需的压力要求。

2.高层不分区的室内消火栓系统

建筑物高度大于24 m,但不超过50 m,室内最低消火栓处静水压力不超过1.0 MPa时,整个建筑物组成一个消防给水系统。火灾时,仍可利用消防车通过水泵接合器向室内管网供水,以加强室内消防给水系统工作,协助室内扑灭火灾。因此,可以采用不分区的消火栓灭火系统,并配备一组高压消防水泵向管网系统供水灭火,如图 1 – 17 所示。这种方式便于集中管理,适用于高层建筑密集区。

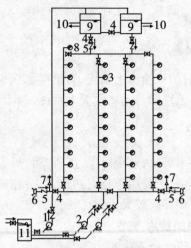

图 1 – 17 高层不分区室内消火栓给水系统

1—生活、生产水泵;2—消防水泵;3—消火栓设备;4—阀门;5—止回阀;6—水泵接合器本体;

7—安全阀;8—检验消火栓;9—高位水箱;10—至生产管网;11—水池

3. 高层分区的室内消火栓系统

当建筑物高度超过 50 m 或建筑物最低处消火栓静水压力大于 1.0 MPa 时,室内消火栓系统难以得到一般消防车的供水支援,室内消防给水系统应具有扑灭建筑物内大火的能力。为了加强供水安全和保证火场灭火用水,应采用分区的室内消火栓给水系统。当消火栓口的出水压力大于 0.5 MPa 时,应采取减压措施。

分区供水的室内消火栓给水系统可分为分区并联给水方式、分区串联给水方式和分区减压给水方式。在分区并联给水系统中,消防泵集中设置,便于管理,但高区使用的消防泵和出水管需耐高压,适用于建筑高度不超过 100 m 的情况。在分区串联给水系统中,消防水泵分散设置在各区,高区水泵在低区高位水箱中吸水,当分区串联给水系统的高区发生火灾时,必须同时启动高、低区消防水泵灭火。分区减压给水系统的减压设施可以用减压阀(两组),也可以用中间水箱减压。如果采用中间水箱减压,则消防水泵出水应进入中间水箱,并采取相应的控制措施。图 1 – 18 所示为并联分区给水系统。

(二)室内消火栓系统的组成

室内消火栓给水系统主要是由室内消火栓、水龙带、水枪、消防卷盘(消防水喉设备)、消防给水管道、水泵结合器,以及水箱、增压设备、

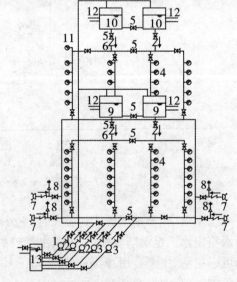

图 1 – 18 高层分区并联室内消火栓给水系统

1—生活、生产水泵;2—上区消防水泵;3—下区消防水泵;

4—消火栓设备;5—阀门;6—止回阀;7—水泵接合器;

8—安全阀;9—下区消防水箱;10—上区消防水箱;

11—检验消火栓;12—至生产管网;13—水池

水源等组成。

1. 消火栓

室内消火栓是一个带内扣式接头的阀门,有单出口和双出口之分,如图 1-19 所示,双出口消火栓直径为 65 mm,单出口消火栓直径有 50 mm 和 65 mm 两种规格,以直径为 65 mm 的较为常用。室内消火栓一端接消防立管,另一端与水龙带连接。

2. 水龙带

消防水龙带指两端带有消防接口,可与消火栓、消防泵(车)配套,用于输送水或其他液体灭火剂。消防水龙带有麻织、棉织和衬胶三种,前两种水龙带抗折叠性能较好,后者水流阻力小。水带口径一般为直径 50 mm 和 65 mm,其长度有 15 m、20 m、25 m 三种,不宜超过 25 m。

图 1-19 室内消火栓
(a)单出口消火栓;(b)双阀双出口消火栓

3. 水枪

消防水枪是灭火的重要工具,一般用铜、铝合金或塑料制成,其作用在于产生灭火需要的充实水柱。室内一般采用直流式水枪,喷嘴直径有 13 mm、16 mm、19 mm 三种。喷嘴口径 13 mm 水枪配 DN50 接口;喷嘴口径 16 mm 水枪配 DN50 或 DN65 两种接口;喷嘴口径 19 mm 水枪配 DN65 接口。

4. 消防水喉设备

在高层建筑中一般配备消防水喉设备,也称消防卷盘,如图 1-20 所示。它是由小口径室内消火栓(口径 25 mm 或 32 mm)、口径 19 mm 的输水胶管和小口径开关水枪(喷嘴口径 6 mm、8 mm 或 9 mm)和转盘配套组成。这种水喉设备便于操作,普通人也能使用,对扑灭初期火灾非常有效,是一种重要的辅助灭火设备。消防水喉应设在专用消防主管上,不得在消防立管上接出。

图 1-20 消防水喉设备

 特别提示

消火栓、水龙带、水枪放在消火栓箱内,如图 1-21 所示。消火栓箱内还设有直接启动消防水泵的按钮。常用的消火栓箱规格为 800 mm×650 mm×200 mm,用铝合金或钢板制作,外装玻璃门,门上有明显标志,以便在紧急时可敲碎玻璃迅速启用消火栓。消防水喉设备可与 DN65 消火栓放置在同一个消火栓箱内,也可以单独设消火栓箱。为了便于维护管理,同一建筑物内应采用同一规格的水枪、水龙带和消火栓。消火栓箱根据安装方式可分为明装、暗装、半明装,如图 1-22 所示。

图 1-21　消火栓箱

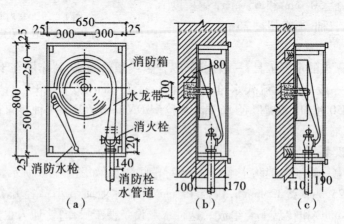

图 1-22　消火栓箱的安装(单位:mm)

(a)立面;(b)暗装侧面;(c)明装侧面

5. 消防管道

消防管道由引入管、干管、立管和支管组成。消火栓给水系统的管材,可以选用焊接钢管。

对于 7~9 层的单元住宅,室内消防给水管道可用一条,不连成环状。当室内消火栓多于 10 个,且室外消防用水量超过 15 L/s 时,室内消防给水管道至少应有两条进水管与室外环状管网连接,并应将室内管道布置成环状或将进水管与室外管道连成环状。高层建筑室内消防管道应布置成独立的环状管网,不仅水平管道成环状,立管也应布置成环状,以保证一根管道发生事故时,仍然能够保证消防用水量和水压的要求。高层建筑消防给水管道不得与生产、生活给水管道合用。

6. 水泵接合器

水泵接合器是外部水源向室内消防管网供水的连接口,消防车通过水泵接合器的接口,向建筑物内送入消防用水或其他液体灭火剂。发生火灾时,当建筑物内部的室内消防水泵因检修、停电或出现其他故障停止运转期间,或室内给水管道的水压、水量无法满足灭火要求时,需利用消防车从室外消防水源抽水,通过水泵接合器向室内消防给水管网提供或补充消防用水,来扑灭建筑物的火灾。

水泵接合器的一端与室内消防给水管网水平干管连接,另一端设于消防车易于接近的地方,供消防车加压或室外移动泵向室内消防管道供水,其接口直径有 *DN*65 和 *DN*80 两种,分地上式、地下式和墙壁式三种类型,如图 1-23 所示。

　7.消防水箱

　　消防水箱对扑救初期火灾起着重要作用,为确保其自动供水的可靠性,应采用重力自流供水方式。消防水箱宜与生活(或生产)高位水箱合用,以保持箱内储水经常流动,防止水质变坏。与其他用水合用的消防水箱应有消防用水不作他用的技术措施。发生火灾时由消防水泵供给的消防用水不得进入消防水箱。水

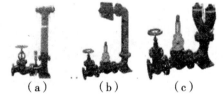

图 1-23　消防水泵接合器
(a)地上式;(b)墙壁式;(c)地下式

箱的安装高度应满足室内最不利点消火栓所需的水压要求。对于建筑高度超过 24 m 的重要建筑物,当消防水箱不能保证最不利点消防设备的水压时,应设置气压给水设备来保证最不利点所需的水压。

(三)室内消火栓的布置要求

室内消火栓的布置应符合下列要求:

(1)设有消防给水的建筑物,其各层(无可燃物的设备层除外)均应设置消火栓。

(2)室内消火栓应布置在建筑物内各层明显、易于使用和经常有人出入的地方,如楼梯间、走廊、大厅、车间的出入口和消防电梯的前室等处。消火栓栓口高度距地面 1.1 m,出水方向宜向下或与设置消火栓的墙面成 90°角。

(3)室内消火栓的布置,应保证有两只水枪的充实水柱能同时到达室内任何部位。建筑高度小于 24 m,体积小于或等于 5 000 m³ 的库房,应保证有一支水枪的充实水柱到达同层内任何部位。

(4)室内消火栓的间距由计算确定。高层建筑室内消火栓布置间距不应大于 30 m,多层建筑的室内消火栓布置间距不应大于 50 m。

(5)同一建筑物内应采用相同规格的消火栓、水带和水枪,方便使用和维护管理。

(6)高层建筑和高位水箱不能满足最不利点消火栓水压要求的其他建筑,为保证及时灭火,在每个室内消火栓处应设置直接启动消防水泵的按钮或报警信号装置,并应有保护设施。

(7)室内消火栓栓口处的出水压力大于 0.5 MPa 时,应设置减压设施;静水压力大于 1.0 MPa 时,采用分区给水系统。

(8)在建筑物顶应设一个消火栓,以利于消防人员经常检查消防给水系统是否能正常运行,同时还能起到保护本建筑物免受邻近建筑火灾的波及。

二、自动喷水灭火系统

自动喷水灭火系统是在火灾发生时,由喷头自动喷水灭火、同时发出火警信号的室内消防给水系统。具有工作性能稳定、适应范围广、安全可靠、扑灭初期火灾成功率高(在 95% 以上)、维护简便等优点,是当今世界上广泛采用的固定灭火设施,但因工程造价高,目前我国主要应用于一些重要的、火灾危险性大的及发生火灾后损失严重的工业与民用建筑中。对于重要的高层建筑和建筑高度超过 50 m 的其他民用建筑,除设置消火栓消防给水系统外还应增设自动喷水灭火系统。根据系统中喷头开闭形式不同,分为闭式和开式自动喷水灭火系统两大类,如图 1-24 所示。在实际工程中,闭式自动喷水灭火系统应用广泛,下面重点介绍闭式系统。

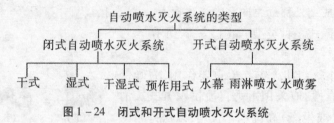

图 1-24　闭式和开式自动喷水灭火系统

（一）自动喷水灭火系统的工作原理

1. 湿式自动喷水灭火系统

湿式自动喷水灭火系统如图 1-25 所示。系统的主要特点是在报警阀前后的管道内始终充满有压力的水。火灾发生时,在火场温度作用下,闭式喷头的感温元件温度达到预定的动作温度后,感温元件熔化或爆破脱落,喷头开启喷水灭火。此时,管道中的水开始流动,系统中的水流指示器感应送出电信号,在报警控制器上指示某一区域已在喷水。持续喷水造成报警阀上部水压低于下部水压,当压力差达到一定值,原来闭合的报警阀自动开启,消防水通过湿式报警阀,向干管和配水管供水灭火。同时一部分水流进入延迟器、压力开关和水力警铃等设备发出火警信号。根据水流

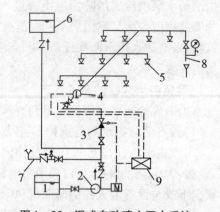

图 1-25　湿式自动喷水灭火系统

1—水池;2—水泵;3—湿式报警阀组;4—水流指示器;
5—闭式喷头;6—高位水箱;7—水泵接合器;
8—末端试水装置;9—消防报警控制器;M—驱动电机

指示器和压力开关的信号或消防水箱的水位信号,控制箱内的控制器能自动启动消防泵向管网加压供水,达到连续自动供水的目的。

湿式自动喷水灭火系统具有结构简单、施工和管理维护方便、使用可靠、灭火速度快、灭火效率高、建设投资少等优点,使用广泛。但由于其管路在喷头中始终充满水,一旦发生渗漏会损坏建筑装饰,应用受到环境温度的限制。适合安装在常年室内温度不低于 4 ℃、不高于 70 ℃,且能用水灭火的建筑物内。

2. 干式自动喷水灭火系统

干式自动喷水灭火系统如图 1-26 所示。系统的主要特点是管网中平时充满压缩空气,只在报警阀前的管道中充满有压水。发生火灾时,闭式喷头打开,首先喷出压缩空气,配水管网内气压降低,利用压力差将干式报警阀打开,水流入配水管网,再从喷头流出。水流到达压力开关令报警装置发出火警信号。

干式自动喷水灭火系统由于报警阀后的管路中无水,不怕冻结,不怕环境温度高,因而适用于环境温度低于 4 ℃ 或高于 70 ℃ 的场所。干式自动喷水灭火系统增加了一套充气设备,使管内的气压保持在一定范围内,因而投资较多,管理比较复杂。喷水前需排放管内气体,灭火速度不如湿式自动喷水灭火系统快,不宜用于燃烧速度快的场所。

3. 干湿式自动喷水灭火系统

干湿式自动喷水灭火系统是干式自动喷水灭火系统与湿式自动喷水灭火系统交替使用的系统。在使用场所环境温度低于 4 ℃ 或高于 70 ℃ 时,系统呈干式;环境温度在 4~70 ℃ 之间

时,可将系统转换成湿式系统。干湿式自动喷水灭火系统用于采暖期少于 240 d 的不采暖房间。

4. 预作用自动喷水灭火系统

预作用自动喷水灭火系统将火灾自动探测报警技术和自动喷水灭火系统结合在一起,如图 1-27 所示。预作用阀后的管道平时呈干式,充满低压气体或氮气,发生火灾时,接到安装在保护区的感温、感烟火灾探测器发出的报警信号后,自动启动预作用阀而向管网中充水,由干式变为湿式系统。当着火点温度达到开启闭式喷头时,才开始喷水灭火。

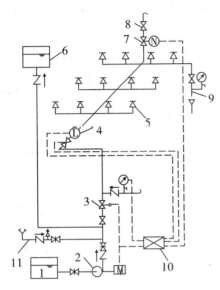

图 1-26　干式自动喷水灭火系统

1—水池;2—水泵;3—干式报警阀组;4—水流指示器;
5—闭式喷头;6—高位水箱;7—电动阀;8—快速排气阀;
9—末端试水装置;10—消防报警控制器;
11—水泵接合器;M—驱动电机

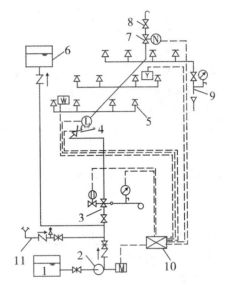

图 1-27　预作用自动喷水灭火系统

1—水池;2—水泵;3—预作用报警阀组;
4—水流指示器;5—闭式喷头;6—高位水箱;
7—电动阀;8—快速排气阀;9—末端试水装置;
10—消防报警控制器;11—水泵接合器;M—驱动电机;
W—温感探测器;Y—烟感探测器;D—电磁阀

这种系统适用于对建筑装饰要求高、平时不允许有水渍损失、灭火要求及时的高级重要的建筑物内或干式自动喷水灭火系统适用的建筑物内。

(二)自动喷水灭火系统的常用组件

1. 闭式喷头

闭式喷头是闭式自动喷水灭火系统的关键部件,起着探测火灾、启动系统和喷水灭火的重要作用。喷口用由热敏元件组成的释放机构封闭,当在喷头的保护区域内失火时,热气流上升,使喷头周围空气温度上升,达到预定温度时,热敏感元件如玻璃球爆炸、易熔合金脱离,喷头按规定的形状和水量在规定的保护面积内喷水灭火。按热敏感元件的不同可分为玻璃球喷头和易熔合金喷头两种;按安装形式、布水形式又分为下垂型、边墙型、直立型等多种。图 1-28 为几种常见的喷头。喷头的动作温度是根据环境温度确定的,为防误动作,选择喷头时,要求喷头的公称动作温度宜比环境温度高 30 ℃ 左右。

（a） （b） （c） （d）

图1-28 闭式喷头

（a）下垂式喷头；（b）边墙式喷头；（c）直立式喷头；（d）易熔合金式喷头

2.报警阀

自动喷水灭火系统中报警阀的作用是开启和关闭管道系统中的水流，同时将控制信号传递给控制系统，驱动水力警铃直接报警，另外还可以通过报警阀对系统的供水装置和报警装置进行检修，是自动喷水灭火系统主要组件之一。报警阀的类型包括湿式、干式、预作用报警阀等。如图1-29所示为湿式报警阀组。

报警阀应设在安全且便于操作的地点，安装高度距地面宜为1.2 m，安装报警阀的部位应有排水设施。连接报警阀进出口的控制阀，宜采用信号阀。与报警阀连接的水力警铃应设在值班室附近，且两者之间的管道长度不宜大于20 m。

3.水流指示器

图1-29 湿式报警阀组

水流指示器如图1-30所示，安装于管网配水干管或配水管的始端，水流指示器前应安装信号蝶阀。当火灾发生，喷头开启喷水或管网发生水量泄漏时，管道中的水产生流动，引起水流指示器中桨片动作，接通电路，延时20~30 s，继电器触电吸合，发出区域水流电信号，送至消防控制室，起辅助电动报警作用。每个防火分区或每个楼层均应设置水流指示器。

4.压力开关

压力开关安装在水力警铃和延迟器之间的管道上。在水力警铃报警的同时，由于警铃管内水压升高而自动接通通电触电，完成电动警铃报警，向消防控制室传送电信号并启动消防水泵，如图1-31所示。

5.延迟器

延迟器是一个罐式容器，安装于报警阀与水力警铃（或压力开关）之间，属于湿式报警阀的辅件，用来防止因水源压力波动、报警阀渗漏而引起的误报警。报警阀开启后，水流须经30 s左右充满延迟器后方可冲击水力警铃，如图1-32所示。

图1-30 水流指示器　　　　图1-31 压力开关　　　　图1-32 延迟器

6.末端试水装置

为了检验系统的可靠性,测试系统能否在开放一只喷头的最不利条件下可靠报警并正常启动,要求在每个报警阀控制的最不利点处设置末端试水装置,其他防火分区、楼层的最不利点喷头处,均应设直径为 25 mm 的试水阀。

末端试水装置由排水阀门、压力表和排气阀组成。测试的内容包括水流指示器、报警阀、压力开关、水力警铃的动作是否正常,配水管道是否畅通,管道最不利点处的喷头工作压力等。打开排水阀门相当于一个喷头喷水,即可观察到水流指示器和报警阀是否正常工作。压力表可测量系统水压是否符合规定要求,排气阀用来排除管路中的气体,安装在管网末端,管径为 DN25,如图 1-33 所示。

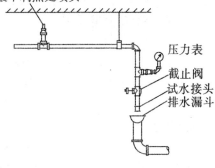

图 1-33 末端试水装置

任务 3 常用给水、排水系统的管材与附件

【任务介绍】

本任务主要介绍给排水管道系统常用的管材、管件及常用的管道附件等内容。

【任务目标】

熟悉室内给水、排水系统常用的管材、管件,熟悉管道连接形式,了解管材特点,能根据给排水系统合理选择管材及连接形式。熟悉室内给排水系统常用附件:常用阀门(包括信号阀)、水表、清通设备、地漏等。

【任务引入】

室内给水系统是保证我们在打开水龙头时有满足我们需求的水用,室内排水系统是能够把我们用完的污废水及时地排到室外。而水的输送是通过管道系统进行的,管道是给排水系统中最主要的材料,又称为管材,包括管子、管件和附件。目前市场上的管材和附件种类繁多,我们应怎样进行选择呢?

【任务分析】

室内给排水系统是由管道、管件和各种附件连接而成的,管道材料及附件的合适与否,对于工程质量、工程造价及使用都会产生直接的影响。因此,应熟悉管材、附件的种类、规格和性能,以达到适用、经济和美观的要求。

相关知识

一、室内给排水系统常用管材

(一)塑料管

塑料管作为一种新型化学管材,被广泛推广应用,在室内给排水系统中已成为镀锌钢管、铸铁管的替代产品。其优点是化学性能稳定、耐腐蚀、质量轻、管内壁光滑、安装方便,可防止水在输送过程中的二次污染。缺点是线性变形大,不耐高温等。在选用塑料管时,应有质量检验部门的产品合格证书,有卫生部门的认证文件。常用的塑料管有以下几种:

1. 聚丙烯管(PPR 管)

普通聚丙烯材质的缺点是耐低温性能差,在 5 ℃以下因脆性太大而难以正常使用。通过共聚合的方式可以使聚丙烯性能得到改善。PPR 管即是无规共聚聚丙烯管,其优点是化学稳定性好、耐腐蚀性强、不结垢;使用卫生、对水质基本无污染;抗老化、保温效果好、温度适应范围广(5 ~ 95 ℃);水流阻力小,材质轻,施工安装方便等,不仅可用于冷、热水系统,而且可用于纯净饮用水系统。

聚丙烯管采用热熔连接、电熔连接、过渡接头螺纹连接和法兰连接。$DN \leqslant 110$ mm 时,采用热熔连接;$DN > 110$ mm、管道最后连接或热熔连接困难的场合,采用电熔连接;PPR 管道与小管径的金属管或卫生器具金属配件连接时,可采用带铜内丝或外丝嵌件的 PPR 过渡接头螺纹连接,PPR 管道与较大管径的金属附件或管道连接时,可采用法兰连接。管材规格用 $De \times t$(公称外径×壁厚)表示,其公称外径、壁厚及其偏差如表 1-2 所示。

表 1-2 聚丙烯管规格尺寸及偏差

偏差:(mm)

公称外径(De)	平均允许偏差	壁厚 公称压力/MPa									
		PN1.0		PN1.25		PN1.6		PN2.0		PN2.5	
		基本尺寸	允许偏差	基本尺寸	允许偏差	基本尺寸	允许偏差	基本尺寸	允许偏差	基本尺寸	允许偏差
20	+0.30			2.3	+0.50	2.8	+0.50	3.4	+0.60	4.1	+0.70
25	+0.30	2.3	+0.50	2.8	+0.50	3.5	+0.60	4.2	+0.70	5.1	+0.80
32	+0.30	2.9	+0.50	3.6	+0.60	4.4	+0.70	5.4	+0.80	6.5	+0.90
40	+0.40	3.7	+0.60	4.5	+0.70	5.5	+0.80	6.7	+0.90	8.1	+1.10
50	+0.50	4.6	+0.70	5.6	+0.80	6.9	+0.90	8.4	+1.10	10.1	+1.30
63	+0.60	5.8	+0.80	7.1	+1.00	8.7	+1.10	10.5	+1.30	12.7	+1.50
75	+0.70	6.9	+0.90	8.4	+1.10	10.3	+1.30	12.5	+1.50	15.1	+1.70
90	+0.90	8.2	+1.10	10.1	+1.30	12.3	+1.50	15.0	+1.70	18.1	+2.10
110	+1.00	10.0	+1.20	12.3	+1.50	15:1	+1.80	18.3	+2.10	22.1	+2.50

2. 聚丁烯管(PB 管)

聚丁烯管是用高分子树脂制成的高密度塑料管,管材质软、耐磨、耐热、抗冻、无毒无害、耐久性好、质量轻、施工安装简单,适用于冷、热水系统。聚丁烯管与管件的连接有三种方式,即铜接头夹紧式连接、热溶式插接、电熔合连接。

3. 交联聚乙烯管(PEX 管)

交联聚乙烯管具有良好的耐高温(70 ~ 110 ℃)、耐高压(爆破压力 6 MPa)、稳定性和持久性,无毒、不滋生细菌、安装维修方便、价格适中等优点。这种管材是目前比较理想的冷热水及饮用水塑料管材。

交联聚乙烯管可采用卡箍连接、卡压式连接、过渡连接。卡箍连接采用铜锻压件或不锈钢铸件,卡箍采用紫铜环,使用专用工具卡紧,适用于 $DN \leqslant 32$ mm 的热水管和 $DN \geqslant 63$ mm 的冷水管;卡压式连接采用不锈钢管件,专用工具压紧,不可拆卸,可用于各种规格的冷热水管道;过渡连接采用带内丝的过渡接头,管螺纹连接,适用于 PEX 管道与卫生器具金属管件或其他各类管道连接。

4.硬聚氯乙烯管(UPVC 管)

硬聚氯乙烯管(简称 UPVC 管)是以聚氯乙烯树脂为主要原料,加入必要的添加剂,经注塑成形,具有质轻、不结垢、耐腐蚀、抗老化、耐火性能好、施工方便、造价低等优点。在正常的使用情况下寿命可达 50 年以上,但对热不稳定,不能输送热水,承压能力小,有脆性且易老化。

硬聚氯乙烯管一般采用胶粘剂承插连接,有特殊要求且管径较大时可用密封橡胶承插连接。目前,UPVC 管已广泛用于排水系统中,在给水系统中,考虑到管道连接所采用的胶水不得影响供水水质,但目前尚未解决胶水的毒性问题,且管道卫生性较差,这使得 UPVC 管在给水系统中的应用受到很大限制。

(二)钢管

钢管强度高、承受流体的压力大、抗震性能好、自重比铸铁管轻、接头少、加工安装方便;但成本高、抗腐蚀性能差、易造成水质污染。

钢管主要有焊接钢管和无缝钢管两种。

1.焊接钢管

焊接钢管按表面质量又可分为镀锌钢管(白铁管)和非镀锌钢管(黑铁管)。根据镀锌工艺的不同可分为冷镀锌钢管和热镀锌钢管。可用于生产给水系统或消防给水系统中,建设部已明确规定:自 2000 年 6 月 1 日起,在城镇新建住宅中,禁止冷镀锌钢管用于室内给水管道,并根据当地实际情况逐步限时禁止使用热镀锌钢管。

2.无缝钢管

无缝钢管是用碳素结构钢或合金结构钢制造,有热轧或冷拔两种生产方法。无缝钢管在同一外径下可以有多种壁厚,与焊接钢管相比,它的强度高,内表面光滑,水力条件好,可在焊接钢管不能满足压力要求的情况下采用,用于生活给水管道时要专门镀锌。

钢管的连接方式分为螺纹连接、焊接连接、法兰连接和沟槽式卡箍连接。

螺纹连接是利用配件连接,连接配件的形式及其应用如图 1-34 所示。配件用可锻铸铁制成,抗蚀能力及机械强度均较大,也分镀锌和非镀锌两种,钢制配件较少。螺纹连接时,一般以油麻丝和白厚漆或生胶带为填料,增加连接的严密性。钢管焊接的方法一般有电弧焊和气焊两种。焊接具有强度高,严密性好,节省管材、管件,安装方便,易于管理等优点,缺点是不能拆卸。管径大于 32 mm 的钢管宜用电焊连接,管径小于或等于 32 mm 时可用气焊连接,镀锌钢管不得采用焊接。

法兰有铸铁和钢制的两类,在建筑内部给水工程中,以钢制圆形平焊法兰应用最为广泛,如图 1-35 所示。法兰连接具有强度高、严密性好和拆装方便等优点,常用于需要经常拆卸、检修的管道上。在连接时,将法兰盘焊接或用螺纹连接在管端,再以螺栓连接它,盘间应垫以垫片,以达到密封的目的,建筑内部给水工程中常用橡胶板或石棉橡胶板作法兰垫片,一副法兰只能垫一个垫片,如图 1-36 所示。

管道卡箍连接也叫沟槽连接,是目前广泛使用的钢管连接方式,具有很多优点。沟槽式连接是在钢管末端用滚槽机将钢管压成沟槽,再用卡箍环抱,锁紧螺栓,即可实现钢管密封连接,如图 1 - 37 所示。

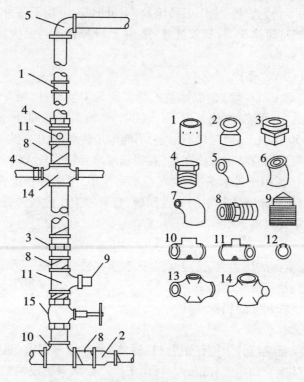

图 1 - 34　钢管螺纹连接配件及连接方法

1—管箍;2—异径管箍;3—活接头;4—补心;5—90°弯头;6—45°弯头;7—异径弯头;8—内管箍;
9—管塞;10—等径三通;11—异径三通;12—根母;13—等径四通;14—异径四通;15—阀门

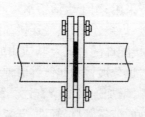

图 1 - 35　钢制圆形平焊法兰　　图 1 - 36　管道法兰连接　　图 1 - 37　管道沟槽连接

　　沟槽式管路连接方式比法兰及螺纹连接迅速,不损害管道镀锌层,避免了法兰及螺纹连接造成的重新镀锌二次回装,使管道安装成本降至最低程度,为工程从设计到安装提供了巨大的便利条件。自动喷水灭火系统设计规范提出,系统管道的连接应采用沟槽式连接件或丝扣、法兰连接;系统中直径等于或大于 100 mm 的管道,应采用法兰或沟槽式连接件连接。

　　管道沟槽式连接常用沟槽管件如图 1 - 38 所示。

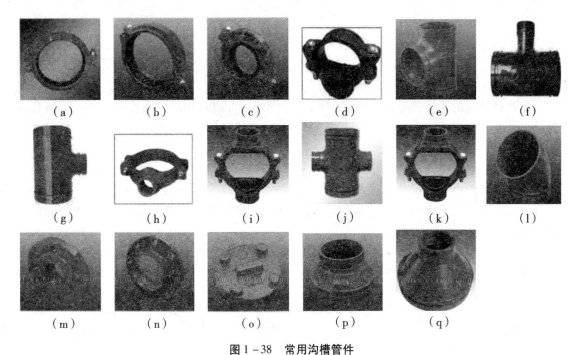

图1-38　常用沟槽管件

(a)挠性卡箍;(b)刚性卡箍;(c)法兰管卡;(d)螺纹机械三通;(e)正三通;(f)螺纹异径三通;
(g)沟槽机械三通;(h)沟槽异径三通;(i)螺纹机械四通;(j)沟槽异径四通;(k)沟槽机械四通;(l)弯头;
(m)丝接法兰;(n)沟槽法兰;(o)盲片;(p)沟槽异径管;(q)螺纹异径管

(三)复合管

1.钢塑复合管

钢塑复合管是在钢管内壁衬(涂)一定厚度的塑料层复合而成的,钢塑复合管兼备了金属管材强度高、耐高压、能承受较强的外来冲击力和塑料管材的耐腐蚀性、不结垢、导热系数低、流体阻力小等优点。钢塑复合管可采用沟槽、法兰或螺纹连接的方式,同原有的镀锌钢管系统完全相容,应用方便,但需在工厂预制,不宜在施工现场切割。

2.铝塑复合管

铝塑复合管是以焊接铝管为中间层,内外层均以聚乙烯塑料,采用专用热熔胶,通过挤压成形方法复合成一体的管材。

铝塑复合管可采用卡压式连接、卡套式连接、螺纹挤压式连接。卡压式连接是采用不锈钢接头,专用卡钳压紧,可用于各种规格的管道,不可拆卸;卡套式连接是采用铸铜接头,采用螺纹压紧,可拆卸,用于$DN \leqslant 32$ mm的管道连接;螺纹挤压式连接采用铸铜接头,接头与管道之间加密封层,锥形螺帽挤压形成密封,不能拆卸,适用于$DN \leqslant 32$ mm的管道连接;铝塑复合管与其他管材、卫生器具金属配件或阀门连接时,采用带铜内丝或外丝的过渡接头、螺纹连接。

(四)铸铁管

铸铁管多用于给水、排水和燃气管道工程,按铸铁管所用材质不同可分为:灰铸铁管、球墨铸铁管、高硅铸铁管;按其工作压力的不同可分为低压管、中压管、高压管。铸铁管具有耐腐蚀性能强、使用寿命长、价格低等优点,适于埋地敷设。其缺点是性脆、质量大、长度小。当给水管管径大于150 mm或生活给水管埋地敷设,管径大于75 mm时,宜采用铸铁管。

1. 给水铸铁管

给水铸铁管与钢管相比具有耐腐蚀性强、使用寿命长、价格便宜等优点,适合于埋地敷设,但也有质地较脆、不耐震动和弯折、长度短、质量大、施工比钢管困难等缺点。适用于消防系统或生产给水系统的埋地管材。

给水铸铁管的连接多用承插方式连接,连接阀门等处也可用法兰盘连接。承插接口有柔性接口和刚性接口两类,柔性接口采用橡胶圈接口,刚性接口采用石棉水泥、膨胀性填料接口,重要场合可用铅接口。

2. 排水铸铁管

排水铸铁管由于不承受水压,管壁较给水铸铁管薄,主要用于一般的生活排水管、雨水和工业废水的排水管道。排水铸铁管的优点是耐腐蚀、耐用;缺点是质脆、质量大,每根管的长度短、管接口多,施工复杂。

排水铸铁管有承插连接和法兰连接,承插连接有柔性接口和刚性接口两种。常用的给水铸铁管排水管件如图1-39所示。

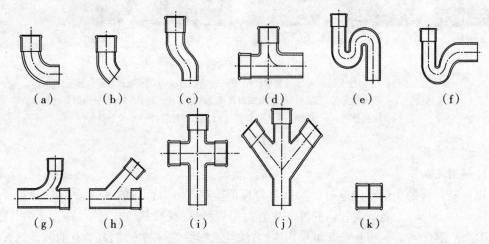

图1-39 常用铸铁管排水管件

(a)90°弯头;(b)45°弯头;(c)乙字管;(d)正三通;(e)S型存水弯;(f)P型存水弯;
(g)顺水三通;(h)斜三通;(i)正四通;(j)斜四通;(k)管箍

二、室内给排水系统常用附件

(一)阀门

阀门在系统中起着用来调节水压、调节管道水流量大小及切断水流、控制水流方向等作用,常用的阀门类型有以下几种:

1. 截止阀

截止阀如图1-40所示,是利用闸杆下端的阀盘(或阀针)与阀孔的配合来启闭介质流。截止阀具有开启高度小、关闭严密、在开闭过程中密封面的摩擦力小、耐磨等优点,但其水流阻力较大,安装时要注意方向,应使水低进高出,防止装反,允许的水流方向用箭头标示在外壳上。截止阀用于管径不大于50 mm或经常启闭的管段上。

2. 闸阀

闸阀如图1-41所示,闸阀内的闸板与水流方向垂直,利用闸板的升降来控制闸门的启闭。闸阀全开时水流呈直线通过,阻力小,但水中有杂质沉积阀座后,容易造成阀门不能关闭到底,因而产生磨损和漏水。闸阀安装没有方向性,在管径大于 50 mm 或双向流动的管段上宜采用闸阀。

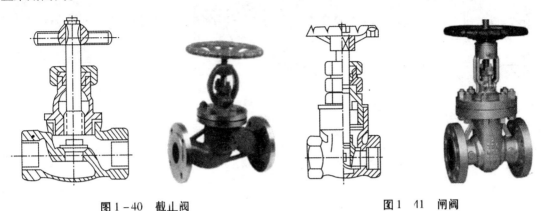

图 1-40　截止阀　　　　　　　　图 1-41　闸阀

3. 蝶阀

蝶阀如图 1-42 所示,此阀为盘状圆板启闭件,绕其自身中轴旋转改变管道轴线间的夹角而控制水流通过的阀门,具有结构简单、尺寸紧凑、启闭灵活、开启度指示清楚、水流阻力小等优点。

图 1-42　蝶阀

4. 止回阀

止回阀又称逆止阀、单向阀,是一种自动启闭的阀门,用于控制水流方向,只允许水流向一个方向流动,反向流动时则阀门自动关闭,可以有效地防止管道中介质的倒流。

止回阀按形式可分为升降式和旋启式,如图 1-43 所示。升降式止回阀的密封性能较好,水流阻力较大,常用于小口径的管道上,有立式和卧式两种。旋启式止回阀启闭迅速,易引起水击,不宜在压力较大的管道系统中使用,可用于阀前水压较小的部位。

安装止回阀时要注意必须使水流的方向与阀体上箭头的方向一致,不能装反。

5. 浮球阀

浮球阀是一种利用液位变化而自动启闭的阀门,安装在水箱或水池内,用来控制水位,如图 1-44 所示。当水箱充水到设计最高水位时,浮球随水位浮起,关闭进水口;当水位下降时,浮球下落,进水口开启,于是自动向水箱充水。选用时注意规格应和管道一致。

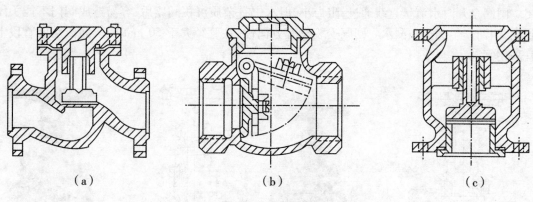

图 1 - 43　止回阀

(a)升降式止回阀;(b)旋启式止回阀;(c)立式升降式止回阀

图 1 - 44　浮球阀

6.减压阀

减压阀的作用是降低水流压力,保证配水点的压力不超过规定的压力。在高层建筑中,它可以简化给水系统,减少可替代减压水箱,增加建筑的使用面积,同时还可防止水质的二次污染。在消火栓给水系统中,可防止消火栓栓口处的超压现象。

常用的减压阀有可调式减压阀(弹簧减压阀)和比例式减压阀(活塞式减压阀)。可调式减压阀宜水平安装,比例式减压阀宜垂直安装,如图1 -45 所示。

图 1 - 45　减压阀

(a)可调式减压阀;(b)比例式减压阀

特别提示

减压阀一般成组安装,其组件包括减压阀、压力表、安全阀、冲洗管、冲洗阀、旁通管、旁通阀及管件,当介质中含有杂质时还应设过滤器。

7.安全阀

安全阀是自动保护系统安全使用的一种附件,常用在热交换器、气压罐等压力容器上。当设备、容器或管道系统内的压力超过工作压力时,安全阀自动开启后泄水,以降低因温度等因素引起的超压,可用来防止系统内压力超过预定的安全值而受到破坏。与泄水阀不同的是:只要泄去少量的水,容器内的压力就能恢复正常。一般有弹簧式安全阀和杠杆式安全阀两种,如图 1-46 所示。

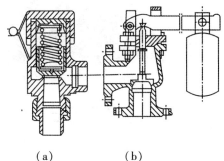

特别提示

设置阀门应考虑管道的使用和检修情况,一般给水管应设置阀门的部位为:引入管上的起端,水表前或水表后;各立管起端;高位水箱或水池的进出水管、泄水管;从立管接出的支管;各用水设备的配水支管;水泵的进出水管等管道上。

选择阀门时,应考虑管径、水流方式、开闭要求和作用等因素。管径小于或等于 50 mm 时常用截止阀和

(a)　　　　　　(b)

图 1-46 安全阀
(a)弹簧式安全阀;(b)杠杆式安全阀

球阀,管径大于 50 mm 时常用闸阀或蝶阀;水流动阻力要求小的部位,如水泵吸水管上应采用闸阀,有双向流动的管路,如环行管网等,应采用闸阀或蝶阀;不经常开闭且要求快速开闭的管路上应采用快开阀门;对流量和压力要进行调节的管路,应采用蝶阀或截止阀;安装在空间狭小的位置,宜采用蝶阀或球阀;对调节性能要求高的场所,可采用手动调节阀。

(二)水表

1.流速式水表

水表是计量建筑用水量的仪表,在建筑内部给水系统中,广泛采用的是流速式水表。按叶轮构造不同,流速式水表分旋翼式(又称叶轮式)和螺翼式两种。旋翼式的叶轮转轴与水流方向垂直,阻力较大,起步流量和计量范围较小,多为小口径水表,用来测量较小流量。螺翼式水表叶轮转轴与水流方向平行,阻力较小,起步流量和计量范围比旋翼式水表大,适用于测量大流量。如图 1-47 所示为旋翼式水表,如图 1-48 所示为螺翼式水表。

2.电控自动流量计(TM 卡智能水表)

随着科学技术的发展以及用水管理体制的改变与节约用水意识的提高,传统的"先用水后收费"用水体制和人工进户抄表、结算水费的繁杂方式,已不适应现代管理方式与生活方式,用新型的科学技术手段改变自来水供水管理体制的落后状况已经提上议事日程。因此,电磁流量计、远程计量仪等自动水表应运而生。TM 卡智能水表就是其中之一。它内部置有微计算机测控系统,通过传感器检测水量,用 TM 卡传递水量数据,主要用来计量(定量)经自来水管道供给用户的饮用冷水,适于家庭使用。

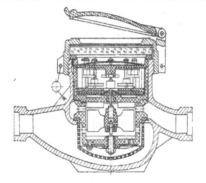

图 1-47 旋翼式水表

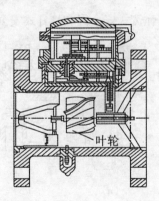

叶轮

图 1-48　螺翼式水表

这种水表的特点和优越性是将传统的先用水、后结算交费的用水方式改变为先预付水费、后限额用水的方式,使供水部分可提前收回资金、减少拖欠水费的损失;将传统的人工进户抄表、人工结算水费的方式改变为无须上门抄表、自动计费、主动交费的方式,减轻了供水部门工作人员的劳动强度;用户无须接待抄表人员,减少计量纠纷,还能提示用户节约用水,保护和利用好水资源;供水部门可实现计算机全面管理,提高自动化程度,提高工作效率。

(三)清通设备

为了清通建筑物内的排水管道,应在排水管道的适当部位设置清扫口、检查口和室内检查井等清通设备,其构造如图 1-15 所示。

(四)地漏

地漏设在厕所、盥洗室、浴室及其他需要排除污水的房间内,用于排除地面积水。地漏一般用铸铁或塑料制成,在排水口处盖有篦子,用以阻止较大杂物落入地漏。地漏装在地面最低处,地面应有不小于 0.01 的坡度坡向地漏,篦子顶面应比地面低 5~10 mm。一般地漏自身带有水封,不需要存水弯即可直接与室内排水管道连接。图 1-49 为采用较多的钟罩式地漏。

图 1-49　钟罩式地漏

技能实训　认识给水、排水常用的各种管材和管件

参观实训工场的给排水常用的管材、管件、附件,进一步掌握各种管材、管件、附件。

(1)目的:通过参观,认识常用的给排水管材、管件。

(2)能力及标准要求:通过此训练,使学生对给排水管材和管件有直观认识,并了解各管件的作用。

(3)准备:每 15~20 人为一组,每组一套给排水管材、管件等。

(4)步骤:根据现场分组情况,到指定的管材、管件堆放地点,熟悉其外观及特点。

(5)注意事项:认真细心了解各管件;注意安全,避免伤人,保护成品。

(6)讨论:各管材外观的区别是什么?各管件的内部构造及作用有什么不同?

任务4　常用给水、排水设备

【任务介绍】

本任务主要介绍水箱、水泵等常用给排水设备的构造、工作原理及设置要求。

【任务目标】

熟悉储水箱、水泵、变频调速水泵、水池等构造和管路附件,了解水泵、变频调速水泵的工作原理。

【任务引入】

城市配水管网的压力通常只能满足大多数低层用户的用水需求,这样可以避免供水压力过高而引起的管道漏水、材料要求过高、运行费用高的一系列问题。但由于高层建筑的大量出现,用水量的剧增,用水高峰时的水压下降,都使得在建筑给水系统上,必须加设增压设备,以保证建筑给水管网所需的压力。在消防给水系统中,为提供消防时所需的压力,也要设置升压装置。

【任务分析】

当室外供水管网的水压、水量不能满足建筑用水要求,或建筑物内部对供水的稳定性、安全性有要求时,必须设置各种给水设备,起调节水量、升压、稳压、储水等作用。为了保证系统的安全正常运行工作,需要了解、熟悉各种设备的构造和设置的基本情况。

 相关知识

一、水箱与水池

(一)水箱

水箱具有储备水量、稳定水压、调节水泵工作、保证供水等作用。在建筑给水系统中,需要稳压、增压或储存一定量的水时,可设水箱。

1.水箱的材质

水箱一般用钢板、钢筋混凝土、或玻璃钢制作,也有用不锈钢制作的。

钢筋混凝土水箱经久耐用、维护方便,且不存在腐蚀的问题,能保证水质,但自重大,在建筑结构允许时可考虑采用。

用钢板焊制的水箱的内外表面均应防腐,并且要求水箱的内表面涂料不能影响水质。钢板水箱自重小,容易加工,应用较多。

玻璃钢水箱质量轻、强度高、耐腐蚀、造型美观、安装维修方便,而且水箱可现场组装,现已普遍采用。

不锈钢水箱外形美观、质量轻、耐腐蚀、容易加工。

2.水箱的形状

水箱的外形有圆形和矩形两种,其中矩形水箱比较容易加工且便于成组放置,因此应用较多。

3. 水箱的配管

水箱上通常设置下列管道,如图1-50所示。

(1)进水管。进水管就是向水箱供水的管道。进水管接供水干管或水泵供水管,进水管上应安装阀门以控制和调节进水量。当利用城市给水管网压力直接进水时,应设置自动水位控制阀,控制阀直径与进水管管径相同,当采用浮球阀时不宜少于两个,且进水管标高应一致。为了检修的需要,在每个浮球阀前的引水管上设置一个闸阀。进水管距水箱上缘应有200 mm的距离。

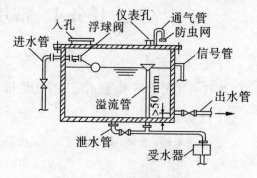

图1-50 水箱配管示意图

当水箱采用水泵加压进水时,进水管不得设置自动水位控制阀,应设置水箱水位自动控制水泵开、停的装置。当水泵给多个水箱供水时,应在水箱进水管上装设电动阀,由水位监控设备实现自动控制。电动阀应与进水管管径相同。

(2)出水管。出水管是将水箱的水送到建筑内部给水管网中去的管道。生活给水系统的水箱出水管管底应高出箱底至少50 mm,若从池底接出,其管顶入水口距箱底的距离也应大于50 mm,以防沉淀物进入配水管网。出水管上应设阀门以利检修。

出水管的连接方式有两种,一种是在水箱以下与进水管合并成一条管道,这时应在出水管上设止回阀,防止水由水箱底部进入水箱,在进出水管合并的配水管上应设控制阀门;另一种是不与进水管合并,单独设置一条管道,出水管上仅设控制阀门。

(3)溢流管。溢流管用来控制水箱的最高水位。溢流管宜采用水平喇叭口集水;喇叭口下的垂直管段不宜小于4倍溢流管管径。溢流管口底应在水箱允许最高水位以上20 mm,溢流管的管径,应按能排泄水箱的最大入流量确定,并宜比进水管管径大1~2个规格。

溢流管上不得设任何阀门,不得与污水管道直接连接,以防水质被污染。溢流管一般引到建筑物顶层的卫生器具上,就近泄水,也可泄至平屋顶屋面上通过屋面雨水系统排除;如果附近没有卫生器具,又无法通过雨水系统加以排除,可通过空气隔断装置和水封装置与排水管道相连。

(4)泄水管。水箱使用一段时间后,水箱底部会积存一些杂质,需要清洗。冲洗水箱的污水由泄水管排出。泄水管的管口由水箱底部接出,可连接在溢流管上,但不允许与排水管道直接连接。泄水管的管径,应按水箱泄空时间和泄水受体排泄能力确定。当水箱中的水不能以重力自流泄空时,应设置移动或固定的提升装置。泄水管上需装设阀门。

(5)水位信号装置。水位信号装置是反映水位控制阀失灵的装置,可采用自动液位信号计,设在水箱内,也可在溢流管下10 mm处设水位信号管,管径一般采用$DN15 \sim 20$ mm,信号管另一端通到经常有值班人员的房间的污水池上,以便及时发现水箱浮球装置失灵而进行修理,信号管上不装阀门。若要随时了解水箱的水位,也可在水箱的侧壁便于观察处安装玻璃液位计。

(6)通气管。供生活饮用水的水箱应设有密封箱盖,箱盖上应设有检修人孔和通气管。通气管可伸至建筑内部或室外,但不得伸到有有害气体的地方。管口应有防止灰尘、昆虫和蚊蝇进入的滤网,一般应将管口朝下设置,通气管不得与排水系统和通风道连接。

4. 水箱设置要求

(1)设置高度应满足建筑物内最不利配水点所需的流出水头。储有消防用水的水箱,也应能满足最不利消防点的水压要求,若设置有困难,应采取其他措施,如配置水泵或气压罐等装置。

(2)水箱一般放置于净高不低于2.2 m的房间,水箱间的承重结构应为非燃烧材料。水箱应加盖,不得污染。水箱箱盖上应设有通气孔。

(3)为防止水箱水体的二次污染,不应让水箱存在死水区,且要采用人工或设自动清洗装置来对水箱内壁进行定时清洗消毒。

(4)水箱应设置在通风良好、不结冻的房间内,为了防止结冻,露天设置的水箱都应采取保温措施。

(5)水箱间内、水箱与水箱之间、水箱与建筑结构之间均应保证一定的距离,水箱外壁与建筑本体结构墙面或其他池壁之间的净距,应满足施工或装配的需要,无管道的侧面,净距不宜小于0.7 m;安装有管道的侧面,净距不宜小于1.0 m,且管道外壁与建筑本体墙面之间的通道宽度不宜小于0.6 m;设有人孔的池顶,顶板面与上面建筑本体板底的净空不应小于0.8 m;水箱底与水箱间地面板的净距,当有管道敷设时不宜小于0.8 m。

(6)金属水箱安装用横钢梁或钢筋混凝土支墩支撑。为防止水箱底与支承的接触面腐蚀,要在它们之间垫以石棉橡胶板、橡胶板或塑料板等绝缘材料,热水箱底的垫板还应考虑材料的耐热要求。水箱底距地面宜有不小于800 mm的净空高度,以便安装管道和进行检修。

(二)水池

在水量能够得到保证的前提下,水泵宜直接从市政管网吸水,以充分利用市政管网的水压减小给水的运行能耗。但是,供水管理部门通常不允许建筑内部给水系统的水泵直接从市政管网吸水,以免管网压力剧烈波动或大幅度下降,影响其他用户的使用。为了提高供水可靠性,避免出现因市政管网在用水高峰时段供水能力不足而无法保证室内给水要求的情况和减少因市政管网或引入管检修造成的停水影响,建筑给水系统需设储水池。

储水池应设在通风良好、不结冻的房间内。为防止渗漏造成损害和避免噪声影响,储水池不宜毗邻电气用房和居住用房或在其下方。储水池的设置高度应利于水泵自灌式吸水,池内宜设有水泵吸水坑,吸水坑的大小和深度,应满足水泵吸水管的安装要求。生活、消防合用的储水池应有保证消防储备水量不被动用的措施。水池应分成两格以便清洗和检修时不停水。水池应设带有水位控制阀的进水管、溢水管、排水管、通风管、水位显示器、检查人孔等。

水池是建筑给水常用调节和储存水量的构筑物,一般可采用钢筋混凝土、砖石等材料制作,形状多为圆形和矩形。

二、水泵

水泵是将电动机的能量传递给水的一种动力机械,使水由低向高处流动。水泵是给水、排水及采暖系统中的主要升压设备,在室内给水系统中它起着水的输送、提升、加压的作用。

水泵的种类有很多,在建筑给水系统中,一般采用离心式水泵。

离心式水泵类型较多,按泵轴的位置可分为卧式泵和立式泵;按叶轮的个数可分为单级泵和多级泵;按水泵产生的压力(扬程)可分为低压泵、中压泵和高压泵;按水进入叶轮的形式可分为单吸入口和双吸入口;按被抽升的液体含有的杂质可分为清水泵和污水泵。

离心式水泵具有流量、扬程选择范围大,安装方便,效率高,工作稳定等优点。

立式离心式水泵较卧式泵占地面积小、结构紧凑,多用于大型建筑生活消防系统加压输送。卧式泵可设防振装置,减少振动及噪声。

(一)离心式水泵的构造与工作原理

离心式水泵的构造如图 1-51 所示,主要由叶轮、泵壳、泵轴、轴承和填料函等组成。

叶轮是离心水泵的主要构件,它是由轮盘和若干个弯曲的叶片组成的,清水泵的叶片数一般为 6~12 片。

泵壳的形状多为蜗壳状。其作用是把水引入叶轮,然后将水汇集起来,引向压水管。泵壳还将所有固定部分连成一体,支持轴承架。泵壳顶设有灌水漏斗和排气孔,以便水泵启动前灌水和排气,底部设有排水孔。

泵轴用来带动叶轮旋转,它是将电动机的能量传递给叶轮的主要构件。泵轴的一端与叶轮连接,另一端以联轴器与电动机连接。

轴承用来支撑泵轴,以便于泵轴旋转。轴承用油脂或润滑油进行润滑。

填料函又称盘根箱,其作用是密封泵轴与泵壳之间的空隙,以防漏水和空气吸入泵内。

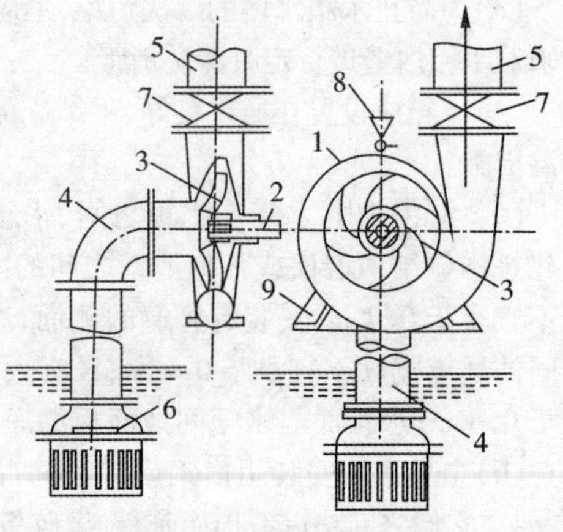

离心式水泵通过离心力的作用来输送和提升

图 1-51　离心泵的构造
1—泵壳;2—泵轴;3—叶轮;4—吸水管;
5—压水管;6—底阀;7—闸阀;8—灌水漏斗;9—泵座

液体。水泵启动之前,首先在泵壳和吸水管中灌满水,以排除泵内空气。然后打开电机,电机带动泵轴、叶轮高速旋转,在离心力的作用下,充满于叶片槽道中的水从叶轮的中心甩向泵壳,使水获得了动能与压力能。又因泵壳的断面是逐渐增大的,故在水进入泵壳后,流速逐渐减小,部分动能转换为压力能,因而泵出口处的水便具有较高的压力,流入压水管。水由泵壳流入压水管的同时,叶轮的进口处和吸水管内形成了真空,在大气压力的作用下,吸水池中的水通过吸水管压向水泵进口,进而流入水泵内。水泵连续运转,水就源源不断地吸入压水管,这就形成了离心式水泵的均匀连续供水。

(二)水泵的基本性能参数

为了正确地选用水泵,必须知道水泵的基本工作参数。

每台水泵都有一个表示其工作特性的牌子,称为铭牌。例如,IS50—32—125A 离心泵的铭牌形式如表 1-3 所示。

表 1-3　IS50—32—125A 离心泵的铭牌

离心式清水泵		
型号 IS50—32—125A		转速 2 900 r/min
流量 11 m³/h		效率 58%
扬程 15 m		配套功率 1.0 kW
汽蚀余量 7.2 m		质量 32 kg
出厂编号		出厂　年　月　日

水泵铭牌上的型号意义如下:

IS:国际标准离心泵;

50:水泵的进口直径(mm);

32:水泵的出口直径(mm);

125:叶轮的名义直径(mm);

A:第一次切割。

铭牌上的流量、扬程、功率、效率、转速、汽蚀余量等均代表泵的性能,故称为水泵的基本性能参数。

1.流量

水泵在单位时间内所输送的液体体积,称为水泵的流量,以符号 Q 表示,单位为m^3/h 或 L/s。

在生活(生产)给水系统中,无屋顶水箱时,水泵流量需满足系统高峰用水要求,其流量应以系统最大瞬时流量即设计秒流量确定。有水箱时,因水箱能起到调节水量的作用,水泵流量可按最大流量或平均时流量确定。

2.扬程

单位质量的液体通过水泵以后获得的能量,称为水泵的扬程,以符号 H 表示,单位为 m。

流量和扬程表示了水泵的工作能力,是水泵最主要的性能参数,也是选择水泵型号的主要依据。

3.功率和效率

水泵的功率是水泵在单位时间内所做的功,也就是单位时间内通过水泵的液体所获得的能量,以符号 N 表示,单位为 kW,水泵的这个功率称为有效功率。电动机传递给水泵泵轴的功率称为轴功率,用符号 $N_{轴}$ 表示,轴功率包括水泵的有效功率和水泵在运转过程中损失的功率。

水泵的效率就是水泵的有效功率与轴功率的比值,以符号 η 表示。即

$$\eta = \frac{N}{N_{轴}} \times 100\%$$

特别提示

效率是评价水泵性能好坏的一个重要参数,泵的效率越高,泵的有效功率就越多,损耗的功率越少,水泵的效能越高。小型水泵效率为70%左右,大型水泵可达90%以上,但一台水泵在不同的流量、扬程下工作时,其效率也是不同的。

水泵铭牌上的功率是电动机的功率,以符号 $N_{机}$ 表示,电动机的功率又称为配套功率,其值应大于水泵的轴功率,它们之间的比值称为备用系数,以 K 表示,K 值一般取$1.15 \sim 1.5$。

$$N_{机} = KN_{轴} = K\frac{N}{\eta}$$

4.转速

水泵的转速指水泵叶轮每分钟的转数,以符号 n 表示,单位为 r/min,常用转速为2 900 r/min,1 450 r/min,960 r/min。选用电动机时,电动机的转速必须与水泵的转速一致。

5.气蚀余量

气蚀余量也称为允许吸上真空高度,就是水泵运转时吸水口前允许产生的真空度的数值,通常以 H_s 表示,单位为 m,这个参数在确定水泵的安装高度时使用。

特别提示

气蚀余量是确定水泵的安装高度时使用的重要参数,一般是生产厂家以清水做试验得到

的发生汽蚀时的吸水扬程减去0.3 m。

（三）水泵的管路附件

水泵的管路附件可简称为一泵、二表、三阀。

1.充水设备

水泵启动前必须先充水，以排除泵内空气。充水的方式有自灌式与非自灌式两种。自灌式充水的泵壳顶部应低于吸水池的最低水位，水泵启动前，打开吸水管上的阀门，水池的水在大气压力的作用下进入水泵；非自灌式充水的水泵启动前，可通过泵壳顶的注水漏斗充水。如大型水泵或几台泵同时启动，可采用真空泵充水，即先打开真空泵，抽出水泵泵壳和吸水管中的空气，使其处于真空状态，吸水池的水在大气压力的作用下进入泵内。

2.底阀

底阀也是止回阀的一种。非自灌式水泵的吸水管底部应设底阀，以阻止吸水管和水泵内的水进入水池，保证水泵能注满水，同时也防止抽水时水中杂物进入水泵内。

3.吸水管

水池至水泵吸水口之间的管道，在水泵运行时起连续吸水的作用。

4.真空表

设在吸水管上，测定水泵吸水口前的真空度。

5.压力表

用来测量水泵的出水压力。

6.止回阀

防止水倒流到水泵中。

7.闸阀

用于水泵的启动、停车及调节水泵的流量和扬程。当两台或两台以上的水泵吸水管彼此相连时，或当水泵处于自灌式充水时，吸水管上应装闸阀。

8.压水管

将水泵压出的水送到需要的地方。

三、变频调速泵组

变频调速泵组是利用电动机在电源频率不同情况下转速不同这一规律，由变频器改变其电源频率来改变电动机转速，从而达到水泵的转速改变，实现变流量供水。高层建筑供水中，常采用控制水泵出水管处压力恒定的方式，控制水泵转速，即恒压变速泵。调速和调流量有一定范围，应根据系统用水情况采用多台组合水泵调节，原理如图1-52所示。

水泵变频方式工作时，水泵电机以软启动

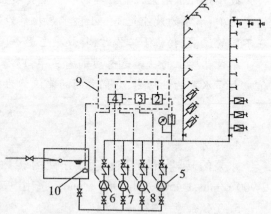

图1-52 变频调速供水设备原理图
1—压力传感器；2—微机控制器；3—变频调速器；
4—恒速泵控制器；5—变频调速泵；
6,7,8—恒速泵；9—电控柜；10—水位传感器

方式启动后开始运转，由远传压力表检测供水管网实际压力，管网实际压力与设定压力经过比较后输出偏差信号，由偏差信号控制调整变频器输出的电源频率，改变水泵转速，使管网压力

不断向设定压力趋近。这个闭环控制系统通过不断检测、不断调整的反复过程实现管网压力恒定,从而使水泵根据所需水量自动调节供水量,达到节能、节水的目的。

变频调速泵组具有高效节能、安装灵活、运行稳定可靠、自动化程度高等特点,同时具有设备紧凑、占地面积小(省去高位水箱)、对管网系统中用水量变化适应能力强等特点,但其造价高,且要求有性能可靠的变频器和电源。

特别提示

水泵及水泵房设置的注意事项

(1)水泵宜自灌吸水,每台水泵宜设置单独从水池吸水的吸水管。吸水管内的流速宜采用 1.0~1.2 m/s;吸水管口应设置向下的喇叭口,喇叭口低于水池最低水位,不宜小于 0.5 m,达不到此要求时,应采取防止空气被吸入的措施。

吸水管喇叭口至池底的净距,不应小于 0.8 倍吸水管管径,且不应小于 0.1 m;吸水管喇叭口边缘与池壁的净距不宜小于 1.5 倍吸水管管径;吸水管与吸水管之间的净距,不宜小于 3.5 倍吸水管管径(管径以相邻两者的平均值计)。

(2)民用建筑物内设置的水泵机组,宜设在吸水池的侧面或下方,其运行的噪声应符合《民用建筑隔声设计规范》的规定。

(3)水泵基础高出地面的高度应便于水泵安装,不应小于 0.1 m;泵房内管道管外底距地面或管沟底面的距离,当 $DN \leqslant 150$ mm 时,不应小于 0.2 m;当 $DN \geqslant 200$ mm 时,不应小于 0.25 m。

(4)居住小区独立设置的水泵房,宜靠近用水大户,水泵机组的运行噪声应符合现行的国家标准《城市区域环境噪声标准》的要求。

(5)设置水泵的房间,应设排水设施;通风应良好,不得结冻。

(6)泵房内宜有检修水泵的场地,检修场地尺寸宜按水泵或电机外形尺寸四周有不小于 0.7 m 的通道确定。泵房内宜设置手动起重设备。

任务5　常用卫生器具

【任务介绍】

本任务主要介绍各种便溺用卫生器具、盥洗沐浴用卫生器具、洗涤用卫生器具及其他专用卫生器具。

【任务目标】

了解卫生器具的分类,能看懂卫生器具安装图。

【任务引入】

卫生器具的种类很多,功能各异,给我们的生活带来了很大的便利和舒适,也是建筑给排水工程中的重要组成部分。随着人们生活水平和卫生标准的逐步提高,卫生器具朝着多功能、造型新、色彩调和、材质优良的方向发展,为人们创造一个生活舒适的环境。

【任务分析】

卫生器具是用来满足日常生活中各种卫生要求、收集和排除生活及生产中产生的污废水的设备,它是建筑给排水系统的重要组成部分。那么,建筑中常见常用的卫生器具有哪些种类? 设置有什么样的要求呢?

 相关知识

卫生器具是建筑给水排水系统的重要组成部分,是用来满足日常生活中各种卫生要求、收集和排除生活及生产中产生的污废水的设备。卫生器具按其用途可分为下列几类:

(1)便溺用卫生器具:大便器、小便器、大便槽、小便槽等。

(2)盥洗、沐浴用卫生器具:洗脸盆、盥洗槽、浴盆、淋浴器等。

(3)洗涤用卫生器具:洗涤盆(或池)、化验盆、污水盆和地漏等。

(4)其他专用卫生器具:如医疗、科学研究室等特殊需要的卫生器具。

各种卫生器具的结构、形式以及材料各不相同,根据卫生器具的用途、装设地点、维护条件、安装等要求而定。卫生器具必须坚固耐用、不透水、耐腐蚀、耐冷热、表面光滑便于清洗。目前制造卫生器具的常用材料有陶瓷、铸铁搪瓷、不锈钢、塑料和水磨石等。

一、便溺用卫生器具

卫生间中的便溺用卫生器具,主要作用是收集排除粪便污水。

(一)大便器

常用的大便器有坐式大便器和蹲式大便器两种类型。大便器选用应根据使用对象、设置场所、建筑标准等因素确定,且均应选用节水型大便器。

1.坐式大便器

坐式大便器本身带有存水弯,其冲洗设备一般为低水箱或延时自闭冲洗阀,如图1-53所示。坐式大便器多装设在住宅、宾馆或其他高级建筑内。

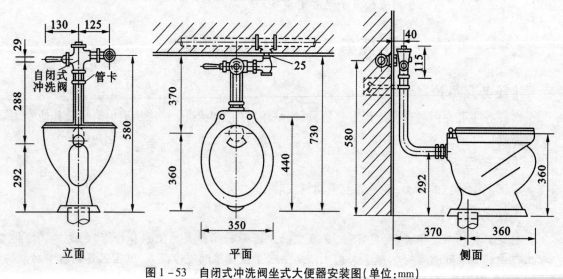

图1-53 自闭式冲洗阀坐式大便器安装图(单位:mm)

2.蹲式大便器

蹲式大便器本身不包括存水弯,需另外装设,存水弯的水封深度不得小于50 mm。底层一一般采用 S 型存水弯,楼层采用 P 型存水弯。为了装设蹲坑和存水弯,大便器一般都安装在地面以上的平台中。冲洗设备可采用延时自闭冲洗阀、高水箱,也可采用低水箱。蹲式大便器在集体宿舍、公共建筑卫生间、公共厕所内广泛采用。如图 1 - 54 所示为高水箱蹲式大便器安装图。

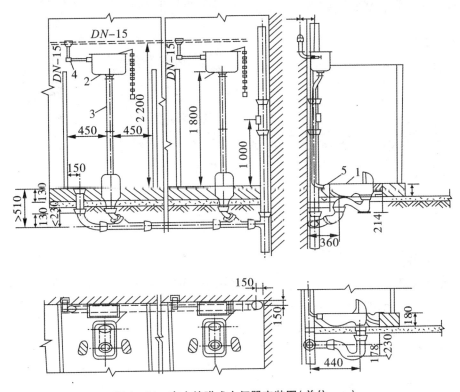

图 1 - 54　高水箱蹲式大便器安装图(单位:mm)
1—蹲式大便器;2—高水箱;3—DN32 冲洗管;4—DN15 角阀;5—橡胶碗

(二)小便器

小便器设于公共建筑的男厕所内,有挂式和立式两种。挂式小便器悬挂在墙上,其冲洗设备应采用延时自闭冲洗阀或自动冲洗装置,小便斗应装设存水弯。挂式小便器多设于住宅建筑中;立式小便器装置在对卫生设备要求较高的公共建筑内,如展览馆、写字楼、宾馆等男厕所中,多为成组装置,如图 1 - 55 所示。

(三)大便槽

大便槽是个狭长开口的槽,用水磨石或瓷砖建造。从卫生观点评价,大便槽并不好,受污面积大,有恶臭,而且耗水量大,不够经济。但设备简单,建造费用低,因此可在建筑标准不高的公共建筑或公共厕所内采用。

大便槽的槽宽一般为 200 ~ 250 mm,底宽 150 mm,起端深度 350 ~ 400 mm,槽底坡度不小于 0.015,大便槽底的末端做有存水门坎,存水深 10 ~ 50 mm,存水弯及排水管管径一般为 150 mm。大便槽宜采用自动冲洗水箱进行定时冲洗。

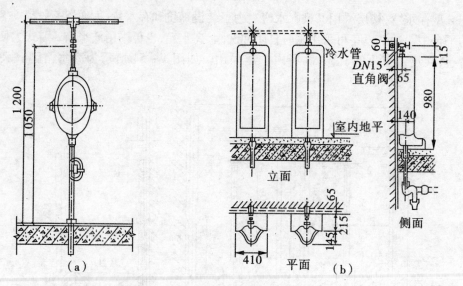

图 1-55 小便器安装图(单位:mm)

(a)挂式小便器;(b)立式小便器

(四)小便槽

小便槽系用瓷砖、水磨石等材料沿墙砌筑的浅槽,因有建造简单、经济、占地面积小、可同时供多人使用等优点,故被广泛装置在卫生标准不高的工业企业、公共建筑、集体宿舍的男厕所中。

小便槽宽 300~400 mm,起端槽深不小于 100 mm,槽底坡度不小于 0.01,槽外侧有 400 mm 的踏步平台,平台做成 0.01 的坡度坡向槽内。

小便槽可用普通阀门控制的多孔冲洗管冲洗,但应尽量采用自动冲洗水箱冲洗。冲洗管设在距地面 1.1 m 高度的地方,管径 15 mm 或 20 mm,管壁开有直径 2 mm、间距 30 mm 的一排小孔,小孔喷水方向与墙面成 45°夹角。小便槽长度一般不大于 6 m,如图 1-56 所示。

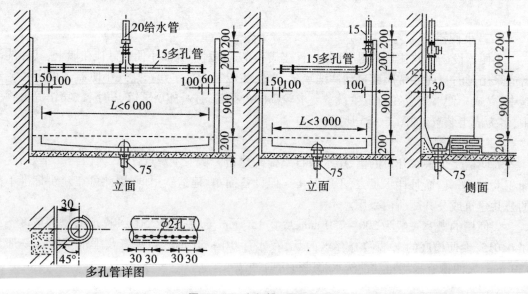

图 1-56 小便槽(单位:mm)

延时自闭冲洗阀的冲洗时间、冲洗水量均可调整,以便节约用水;工作压力较低,50 kPa 流出水头时仍可工作;并且在密封、堵塞、噪声方面都有很大改进,现已较广泛地在室内给排水系统中采用。使用时按下手柄(或按钮)即可冲洗,经一段时间后自动关闭。此种阀门配有真空破坏器,以防给水管道内产生负压而把污废水吸入给水管。

二、盥洗、沐浴用卫生器具

(一)洗脸盆

洗脸盆装置在盥洗间、浴室、卫生间中,供洗脸洗手用。洗脸盆的规格形式很多,按使用要求有长方形、三角形、椭圆形等;安装方式有挂式、立柱式、台式等几种。其材质以陶瓷为主,也有人造大理石、玻璃钢等。

洗脸盆的盆身后部开有安装水龙头用的孔,在孔的下面与给水管道连接,盆的后壁有溢水孔,盆底部设有排水栓,可用塞头关闭。成组装置的洗脸盆,间距一般为 700 mm,可以装设一个统一使用的存水弯。立式洗脸盆,盆下是个大柱脚,完全不靠墙,外表美观,一般装设在较高级建筑的卫生间内。如图 1 - 57 所示为墙架式洗脸盆安装图。

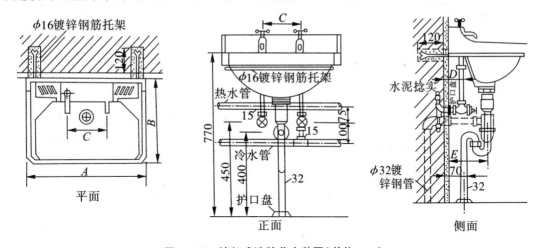

图 1 - 57 墙架式洗脸盆安装图(单位:mm)

(二)盥洗槽

盥洗槽是装置在工厂、学校的集体宿舍、工厂生活间、车站候车室等公共卫生间内,可供多人同时洗手、洗脸的卫生器具。它比洗脸盆的造价低,使用灵活。盥洗槽有长条形和圆形两种,多为长方形布置,有单面、双面两种,一般为钢筋混凝土现场浇注,水磨石或瓷砖贴面,也有不锈钢、搪瓷、玻璃钢等制品。槽宽一般 500 ~ 600 mm,槽长 4.2 m 以内可采用一个排水栓,超过 4.2 m 设置两个排水栓。槽下用砖垛支撑,如图 1 - 58 所示。

(三)浴盆

浴盆一般设在住宅、宾馆、医院等卫生间及公共浴室内。随着人们生活水平的不断提高,浴盆不仅用于清洁身体,其保健功能日益增强,出现了水力按摩浴盆等新型的浴盆。

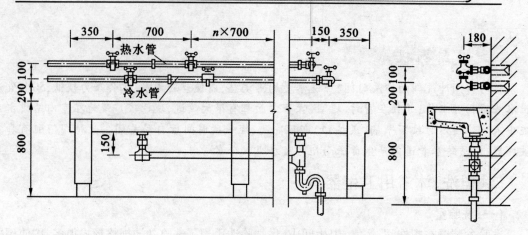

图 1-58 单面盥洗台(单位:mm)

浴盆的形状一般为长方形,亦有方形、斜边形、三角形等。制作浴盆的材料有陶瓷、铸铁搪瓷、玻璃钢、人造大理石等,浴盆的颜色在浴室内需与其他用具色调协调。根据不同功能要求分为扶手式、防滑式、坐浴式、水力按摩式和普通式等类型。浴盆配有冷、热水管或混合龙头,有的浴盆还配置固定式或软管活动式淋浴莲蓬头。其混合水经混合开关后流入浴盆,管径为20 mm。所有浴盆的排水口、溢水口均设在装置龙头一端。浴盆底有 0.02 坡度,坡向排水口,如图 1-59 所示。

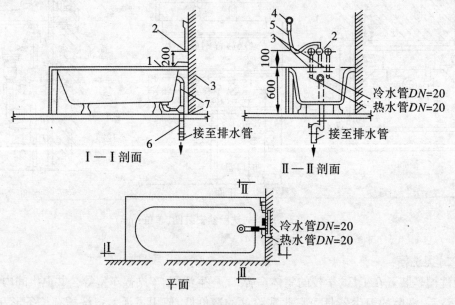

图 1-59 浴盆安装(单位:mm)

1—浴盆;2—混合阀门;3—给水管;4—莲蓬头;5—蛇皮管;6—存水弯;7—排水管

(四)淋浴器

淋浴器与浴盆相比,具有占地面积小、造价低、耗水量较少、清洁卫生等优点,故广泛应用在集体宿舍、体育馆、机关、学校的浴室和公共浴室中,也可安装在卫生间的浴盆上,作为配合浴盆一起使用的洗浴设备。淋浴器有成品的,也有用管件现场组装的。

淋浴器按配水阀的不同可分为很多类型,普通型淋浴器采用冷热水手调式进水阀,设备造价低,但温度不易调节,容易出现忽冷忽热的现象。单把开关调温式淋浴器,用于标准较高的淋浴间或卫生间浴盆上,水温和流量全靠一个把手来控制,易于调节、便于操作、节水节能。恒温脚踏式淋浴器和广电式淋浴器,节水节能效果更加明显,较一般淋浴器节水30% ~40%,最适合装于公共浴室。图1－60所示为普通手动阀门控制的淋浴器。

一般淋浴器的莲蓬头下缘安装在距地面2.0~2.2 m高度,给水管径为15 mm,其冷热水截止阀离地面1.15 m,两淋浴头间距900~1 000 mm。地面有0.005~0.01的坡度坡向排水口或排水明沟。

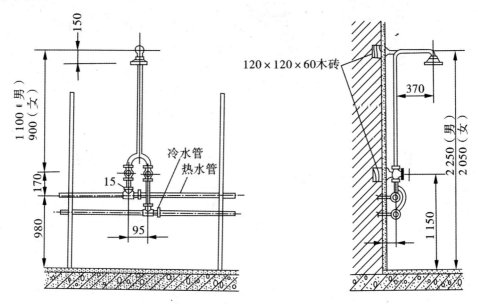

图1－60　淋浴器安装(单位:mm)

三、洗涤用卫生器具

(一)洗涤盆

洗涤盆装置在厨房或公共食堂内,供洗涤碗碟、蔬菜等食物之用。洗涤盆按用途有家用和公共食堂用之分,以安装方式有墙架式、柱脚式、单格、双格,有搁板、无搁板或有、无靠背等。如图1－61所示为双格洗涤盆。所谓双格洗涤盆,为一格洗涤,一格泄水;搁板为放置碗碟餐具食物之用;靠背是为了防止使用中有水溅到墙上。根据材质的不同,洗涤盆可分为水泥洗涤盆、水磨石洗涤盆、陶瓷洗涤盆、不锈钢洗涤盆。其中陶瓷洗涤盆应用最为普遍,不锈钢洗涤盆属于较高档的产品,一般与厨房的不锈钢柜、台配套使用。

洗涤盆可以设置冷、热水龙头或混合龙头,排水口在盆底的一端,口上设十字栏栅,卫生要求严格时还设有过滤器,为使水在盆内停留,备有橡皮或金属制的塞头。在医院手术室、化验室等处,因工作需要常装置肘式开关或脚踏开关的洗涤盆。

(二)污水盆

污水盆装置在公共建筑的厕所、盥洗室内,供打扫厕所、洗涤拖布或倾倒污水之用。污水盆深度一般为400~500 mm,多为水磨石或水泥砂浆抹面的钢筋混凝土现场建造,也可为陶瓷、不锈钢或玻璃钢制品。按设置高度来分,污水盆有架空式和落地式两类。图1-62为架空式污水盆安装图。

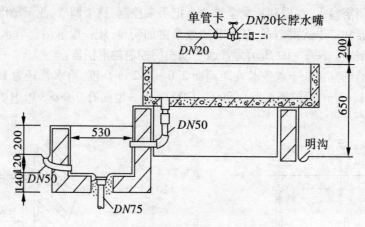

图1-61　双格洗涤盆安装图(单位:mm)

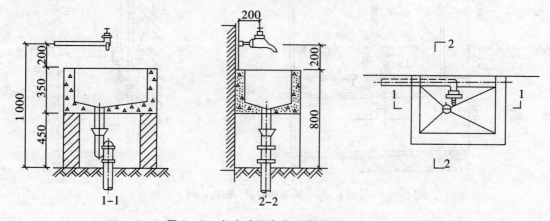

图1-62　架空式污水盆安装图(单位:mm)

(三)化验盆

化验盆装置在工厂、科学研究机关、学校化验室或实验室中,通常都是陶瓷制品。盆内已有水封,排水管上不需装存水弯,也不需盆架,用木螺丝固定于实验台上。盆的出口配有塞头。根据使用要求,化验盆可装置单联、双联、三联的鹅颈龙头。

四、其他专用卫生器具

饮水器是供人们饮用冷开水的器具。饮水器卫生、方便,受人们欢迎,适宜设置在工厂、学校、车站、体育馆场等公共场所。

任务6　建筑给水、排水工程施工图的组成与表示方法

【任务介绍】

本任务主要介绍建筑给水、排水工程施工图的组成及其表示方法。

【任务目标】

熟悉建筑给水、排水工程施工图的组成和表达内容,熟悉给水、排水施工图常用图例,熟悉平面图的表示方法,熟悉系统图的绘制原则和方法,了解详图的表示方法。

【任务引入】

建筑设备安装专业毕业的学生主要从事建筑设备安装工程施工,施工是依据施工图进行的。建筑给水、排水工程施工图由哪些部分组成、施工图是如何表示的呢?

【任务分析】

施工要按图施工,建筑给水排水工程施工图是建筑给水排水工程施工的依据和必须遵守的文件。施工图可使施工人员明白设计人员的设计意图,施工图必须由正式的设计单位绘制并签发。施工时,未经设计单位同意,不能随意对施工图中的规定内容进行修改。因此,要想从事建筑给水排水工程的施工,首先应能看懂建筑给水排水工程施工图,建筑给水排水施工图表达了哪些内容?又是如何表达呢?下面详细介绍有关建筑给水排水工程施工图的组成及表示方法。

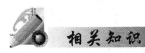

一、建筑给水、排水工程施工图的组成

建筑给水、排水工程施工图主要反映自引入管至用水设备(包括水龙头)的给水管道和自污(废)水收集器(如卫生器具、设备上的收水器和雨水斗等)至排出管的排水管道的布置、走向、连接、坡度、尺寸等情况。室内给水方式、排水体制、管道敷设形式、给水升压设备等等均可在图纸上表达出来。建筑给水排水施工图包括文字部分和图示部分。文字部分包括设计施工说明、图纸目录、设备材料明细表、图例等;图示部分包括平面图、系统图、详图。

(一)文字部分

1. 设计施工说明

设计图样上用图或符号表达不清楚的问题,或有些内容用文字能够更简单明了说清的问题,可用文字加以说明。

设计施工说明的主要内容有:设计依据;设计范围;设计概况及技术指标,如给水方式、排水体制的选择等;施工说明,如图中尺寸采用的单位,采用的管材及连接方式,管道防腐、防结露的做法,保温材料的选用、保温层的厚度及做法等,卫生洁具的类型及安装方式,施工注意事项,系统的水压试验要求,施工验收应达到的质量标准等。

一般中、小工程的文字部分直接写在图样上,工程较大、内容较多时则要另用专页编写。如有水泵、水箱等设备,还必须写明型号、规格及运行要点等。

2. 图纸目录

根据设计顺序,按设计施工说明(含设备材料明细表、图例等)、平面图、系统图、详图依次排列编号。

3. 设备材料明细表

设备材料明细表中应列出图样中用到的主要设备的型号、规格、数量及性能要求等,用于在施工备料时控制主要设备的性能。对于重要工程，为了使施工准备的材料和设备符合图样的要求，并且便于备料，设计人员应编制一个主要设备材料明细表，包括主要设备材料的序号、名称、型号规格、单位、数量、备注等项目。此外，施工图中涉及的其他设备、管材、阀门、仪表等也均应列入表中。对于一些不影响工程进度和质量的零星材料，可不列入表中。

简单工程可不编制设备材料明细表。

4. 图例

施工图中的管道及附件、管道连接、卫生洁具、设备仪表等，一般采用统一的图例表示。《给水排水制图标准》（GB/T 50106—2001）中规定了工程中常用的图例，凡在该标准中未列入的可自设。一般情况下，图纸应专门画出图例，并加以说明。建筑给水、排水施工图中常用图例如表 1-4 所示。

表 1-4　建筑给水、排水工程施工图常用图例

名称	图例	说明	名称	图例	说明
管道	———————	用于一张图纸上，只有一种管道	皮带水龙头		左为平面图；右为系统图
	—— J —— —— W ——	用汉语拼音字头表示管道类别	淋浴喷头		左为平面图；右为系统图
	- - - - - - - - — · — · — · —	用线型区分管道类别	圆形地漏		左为平面图；右为系统图
闸阀	▷◁		清扫口	平面　系统	左为平面图；右为系统图
截止阀	DN≥50　DN<50	左为 DN>50 mm；右为 DN<50 mm	检查口		
止回阀			存水弯		
减压阀			洗脸盆		
蝶阀			洗涤盆		
角阀			自动排气阀	平面　系统	左为平面图；右为系统图
可曲挠接头			浴盆		
波纹管	◇◇		大便器		
单出口消火栓	平面　系统	左为平面图；右为系统图	通气帽	成品　钢丝球	左为成品；右为钢丝球
双出口消火栓	平面　系统	左为平面图；右为系统图	伸缩节	中	

续表

名称	图例	说明	名称	图例	说明
柔性防水套管			压力表		
管道立管	XL-1 XL-1 平面 系统	左为平面图;右为系统图	水表井		
放水龙头		左为平面图;右为系统图	水表		
交叉管		管道交叉不连接,在下方和后方的管道应断开	弯折管		管道向后及向下弯转90°
三通连接			法兰堵盖		

(二)图示部分

1. 平面图

平面图是给水、排水施工图的基本图示部分,它反映了卫生洁具,给水、排水管道,附件等在建筑物内的平面布置情况。通常情况下,建筑的给水系统、排水系统不是很复杂,将给水管道、排水管道绘制在一张图纸上,称为给水排水平面图。

平面图所表达的主要内容有:建筑物内与给水、排水有关的建筑物的轮廓、定位轴线及尺寸线、各房间的名称等,卫生洁具、水箱、水泵等平面布置、平面定位尺寸,给水引入管、污水排出管的平面布置、平面定位尺寸、管径及管道编号,给水、排水横干管、立管、横支管的位置、管径及立管编号等。

2. 系统图

系统图也称轴测图,一般按45°正面斜轴测图绘制。系统图表示给水、排水系统空间位置及各层间、前后、左右间的关系。给水系统图、排水系统图应分别绘制。

系统图所表达的内容有:自引入管,经室内给水管道系统至用水设备的空间走向和布置情况;自卫生洁具,经室内排水管道系统到排出管的空间走向和布置情况;管道的管径、标高、坡度、坡向及系统编号和立管编号;各种设备(包括水泵、水箱等)的接管情况、设置位置和标高、连接方式及规格;管道附件的种类、位置、标高;排水系统通气管设置方式、与排水立管之间的连接方式,伸顶通气管上的通气帽的设置及标高等。

3. 详图

给水、排水平面图的系统图显示了卫生洁具及管道的布置情况,而卫生洁具的安装、管道的连接,需有施工详图作为依据。常用的卫生设备安装详图,通常套用《全国通用给水排水标准图集99S304 卫生设备安装》中的图样,不必另行绘制,只要在设计施工说明或图纸目录中写明所套用的图集名称及其中的详图号即可。当没有标准图时,设计人员需自行绘制。

二、图示部分的表示方法

(一)平面图

1. 平面图的比例

平面图是室内给水、排水施工图的主要部分,一般采用与建筑平面图相同的比例,常用的比例有 1:100,1:200。

2.平面图的数量

平面图的数量,一般视卫生洁具和给水、排水管道布置的复杂程度而定。对于多层建筑,底层由于设有引入管和排出管且管道需与室外管道连接,宜单独画出底层完整的平面图(如能表达清楚与室外管道的连接情况,也可只画出与卫生设备和管道有关的平面图);楼层平面图只需抄绘与卫生设备和管道布置有关的平面图,一般应分层抄绘,当楼层的卫生设备和管道布置完全相同时,只需画出相同楼层的一个平面图,称为标准层平面图;设有屋顶水箱的楼层可单独画出屋顶给水、排水平面图,但当管道布置不太复杂时,也可在最高层给水、排水平面图中用虚线画出水箱的位置。如果管道布置复杂,同一平面(或同一标高处)上的管道画在一张平面图上表达不清楚,也可用多个平面图表示,如底层给水平面图、底层排水平面图等。

3.管道画法

建筑给水、排水的各种管道一律用粗单线表示,其中,给水管道一般用粗实线表示,排水管道用粗虚线表示。为了在同一套图纸中区别不同类型的给排水管道,也可在管道中标识汉语拼音字头来表示。在平面图中,不论管道在楼面或地面的上下,均不考虑其可见性。平面图上有各种立管的编号,底层给水、排水平面图中还有各种管道按系统的编号。一般给水以每根引入管为一个系统,排水以每根排出管为一个系统。立管在平面图中以空心小圆圈表示,并用指引线注明管道类别代号,其标注方法是用分数的形式,分子为管道类别代号,分母为同类管道编号。当同一系统的立管数量多于一根时,还宜采用阿拉伯数字编号。

4.管径的表示

给水、排水管道的管径尺寸以毫米(mm)为单位,金属管道(如焊接钢管、铸铁管)以公称直径 DN 表示,如 DN50,DN80 等;无缝钢管的外径一般用子母 D 来表示,其后附加外径尺寸和壁厚,如外径为 108 mm 的无缝钢管,壁厚为 5 mm,用 D108×5 表示;塑料管一般以公称外径 De(或 dn)表示,如 De25 等。管径一般标注在该管段旁,如位置不够,也可用引线引出标注。

(二)系统图

给水、排水系统图上各立管和系统的编号应与平面图一一对应,在给水、排水系统图上还应画出各楼层地面的相对标高。系统图可采用与平面图一致的比例,也可不严格按比例绘制。

《给水排水制图标准》(GB/T 50106—2001)规定,给水、排水系统图宜采用45°正面斜轴测投影法绘制。我国习惯采用45°正面斜轴测来绘制系统图,卫生洁具、阀门等设备用图例表示。

给水、排水系统图中管道,都用粗实线表示,其他图例和线宽仍按原规定绘制。在系统图中,不必画出管件的接头形式,管道的连接方式用文字写在施工说明中。

管道系统中的给水附件,如水表、截止阀、水龙头和消火栓等,可用图例画出。相同布置的各层,可只将其中的一层画完整,其他各层只需要在主管分支处用折断线表示。

在排水系统图中,可用相应图例画出卫生设备上的存水弯、地漏或检查口等。排水横支管虽有坡度,但由于比例较小,故可按水平管道绘制,但宜注明坡度和坡向。由于所有卫生洁具和设备已在给排水平面图中表达清楚,故在排水管道系统图中没必要画出。

当在同一系统中的管道因互相重叠和交叉而影响该系统的清晰性时,可将一部分管道平移至空白位置画出,称为移置画法或引出画法。将管道从重叠处断开,用移置画法画到图面空白处,从断开处开始画。断开处应标注相同的符号,以便对照读图。

管道的管径一般标注在该管段旁边,标注位置不够时,可用引出线引出标注。管道各管段的管径要逐段标出,当连续极端的管径都相同时,可仅标注它的始段和末段,中间段可省略不标。

凡有坡度的横管(主要是排水管),宜在管道旁边或引出线上标注坡度(如0.003),数字下面的单边箭头表示坡向(指向下坡方向)。当排水横管采用标准坡度时,图中可省略不标,在施工说明中用文字说明。

管道系统图中的标高是相对标高,即以底层室内地面作为标高±0.000 m。在给水系统图中,标高以管中心为准,一般要标注出引入管、横管、阀门、水龙头、卫生洁具的连接支管、各层楼地面及屋面等的标高。在排水系统图中,横管的标高以管内底为准,一般应标注立管上的检查口、排出管的起点标高。其他排水横管的标高,一般根据卫生洁具安装高度和管件的尺寸,由施工人员决定。此外,还要标注各楼层地面屋面等的标高。

(三)详图

详图包括节点图、标准图和大样图。标准图是指一般由国家和有关部委出版的标准图集,作为国家标准或部门标准颁发。没有标准图的,可自行绘制成节点详图或大样图。详图常用比例为1:10~1:20,图要画得详细,各部位尺寸要准确。

任务7 建筑给水、排水工程施工图的识读

【任务介绍】

本任务主要介绍建筑给水、排水工程施工图识读的方法。

【任务目标】

熟练识读多层建筑给水、排水工程施工图,能够正确识读高层建筑给水、排水工程施工图。能根据施工图进行用料计算。

【任务引入】

你来到了工地,做水暖施工工作,拿到了给水、排水施工图,看到上面有文字部分也有图示部分,那怎么看这个施工图呢?先看文字还是先看图呢?

【任务分析】

建筑给水、排水工程施工图的识读,要从图纸目录、设计说明、图例、设备材料表、平面图、系统图、详图等方面着手,然后沿水流方向分析室内给水系统、室内排水系统、消防给水系统等,熟悉建筑给水、排水工程施工图,通过给水系统或排水系统的管件分析与统计,进行用料计算。

一、建筑给水、排水工程施工图识读注意事项

建筑给水、排水施工图的主要图纸是平面图和系统轴测图,识图时必须将平面图和系统图

对照起来看，以便相互说明和相互补充，使管道、附件、器具、设备等在头脑里转换成空间的立体布置。对于某些卫生器具或用水设备的安装尺寸、要求、接管方式等不了解时，还必须辅以相应的安装详图。通过详图的识读搞清具体的细部安装要求，只有这样才能真正地将施工图阅读好。

具体的识图方法是以系统为单位，沿水流方向看下去，即给水管道的看图顺序是自引入管、干管、立管、支管至用水设备或卫生器具的进水接口（或水龙头）；排水管道的看图顺序是自器具排水管（有的为存水管）、排水横支管、排水立管至排出管。

二、建筑给水、排水工程施工图的识读

建筑物高层与低层的高度分界线为 24 m，高度的不同，在给水系统和排水系统上的布置就不同，下面具体介绍多层建筑和高层建筑给水排水工程施工图。

（一）多层建筑给水、排水工程施工图的识读

如图 1-63 至图 1-69 所示是某小区住宅楼的给水排水施工图，现以此套施工图为例，说明多层建筑给水、排水施工图识图步骤。

（1）看文字部分。本工程设有生活给水系统、生活排水系统及太阳能热水系统。在施工说明里，对各系统所使用的管材、管道附件及相应的连接方式都进行了说明，对管道安装注意事项进行了详细的说明。

（2）看平面图，查看建筑物情况及主要用水单位。结合设计、施工说明和一层管道平面图，了解建筑物基本情况。这是一幢 6 层楼的住宅楼，共 3 个单元，每单元房屋设置情况相同，都是一梯四户，分为 B1 和 B2 两种户型。主要的用水单位是每户的卫生间、厨房和阳台的洗衣机。（以第一单元为例讲解）

（3）看平面图，查看卫生洁具、用水设备和升压设备的类型、数量、安装位置、定位尺寸等。查看首层平面图、标准层平面图，本例 1~6 层卫生间、厨房、洗衣机用水设备布置数量、位置等情况相同，以第一单元为例，看户型给水排水详图，B1 户型：卫生间和厨房布置在轴线Ⓙ和Ⓚ，①和②之间，总开间 3.6 m，总进深 3.3 m，其中卫生间设置 1 个洗手盆，1 个座便器，1 个地漏、1 个淋浴，厨房设置 1 个洗菜池。阳台与客厅相连，设置在北边，位于Ⓛ和Ⓜ，②和④轴线之间，长×宽 =4.1 m×1.5 m，沿墙放置洗衣机，配洗衣机水龙头 1 个，洗衣机专用地漏 1 个。卫生间里自门向北，洗手盆中心线与墙面距离 600 mm，座便器中心线与洗手盆中心线相距 800 mm，地漏中心距座便器中心 380 mm。淋浴器设于地漏对面。

B2 户型：卫生间和厨房位于轴线Ⓙ和Ⓗ，②和①之间，总开间 5.7 m，总进深 1.8 m，其中卫生间设置 1 个洗手盆、1 个座便器、1 个地漏、1 个淋浴，厨房设置 1 个洗菜池、卫生洁具及用水设备尽量沿轴线②布置，洗手盆中心线距卫生间北墙 450 mm，自北向南，座便器中心线与洗手盆中心线相距 750 mm，地漏中心线距排烟道 420 mm。阳台在客厅东南角，Ⓑ和Ⓓ，③和⑤轴线之间，长×宽 =2.1 m×1.8 m，沿墙、窗户放置洗衣机，配洗衣机水龙头 1 只，洗衣机专用地漏 1 个。

（4）结合平面图和系统图，查看室内给水系统型式、管路的组成、平面位置、标高、走向、敷设方式。查明管道、阀门及附件的管径、规格、型号、数量及其安装要求。

设计说明

施工说明

图1-63 给排水设计总说明

建筑 结构 电气 给排水

序号	标准图编号	图集名称	页次
1	09S304	卫生设备安装	
		单柄水嘴双槽厨房洗涤盆安装图	33
		4″单柄水嘴台下式洗脸盆安装图	45
		连体式下排水(普通连接)坐便器安装图	72
		双管管件淋浴器安装图	129
2	04S301	建筑排水设备附件选用安装	
		铸铁有水封地漏构造图	26
		塑料有水封地漏构造图(一)、(二)	27、28
		不锈钢有水封密闭型地漏构造图	34
		铸铁有水封带网框式地漏构造及安装图	48
3	10S406	建筑排水塑料管道安装	全册
4	02S404	防水套管	全册
5	03S402	室内管道支架及吊架	全册
6	05YS8	管道及设备防腐保温	全册
7	06J908-6	太阳能热水器选用与安装	全册
8	05YS10	住宅供水"一户一表、计量出户"设计和安装	全册

图纸目录

序号	专业	图号	图名	图纸规格
1	给水排水	3-2-3-01	给排水设计总说明	A2+1/4
2	给水排水	3-2-3-02	目录、主材表	A2+1/4
3	给水排水	3-2-3-03	系统原理图	A2+1/4
4	给水排水	3-2-3-04	首层给排水平面图	A2+1/4
5	给水排水	3-2-3-05	二层~六层给排水平面图	A2+1/4
6	给水排水	3-2-3-06	层顶给排水平面图	A2+1/4
7	给水排水	3-2-3-07	B1、B2户型给排水大样图及支管系统图	A2+1/4

图例及材料表

序号	图例	名称	型号	单位	数量
1	——J——	生活冷水给水管			
2	——R——	生活热水给水管			
3	- - - - -	排水管			
4		生活给水引入管编号			
5		生活排水排出管编号			
6		洗脸盆	参图集选用	套	120
		厨房洗涤盆	参图集选用	套	120
		坐便器(节水型)	参图集选用	套	120
		污水池	参图集选用	套	
		水龙头	参图集选用	套	
		洗衣机水龙头	参图集选用	套	120
		沐浴器	参图集选用	套	120
		截止阀			
		角阀			
		闸阀	DN50	个	20
		止回阀	DN50		20
		刚性防水套管			
		洗衣机地漏	De50	个	120
		圆形地漏	De50	个	120
		S、P型存水弯		个	
		清扫口	De110	个	
		通气帽(成品)	De75/De110	个	6/9
		检查口	De75/De110	个	18/27
		室外集中水表井		座	20

图1-64 目录、主材表

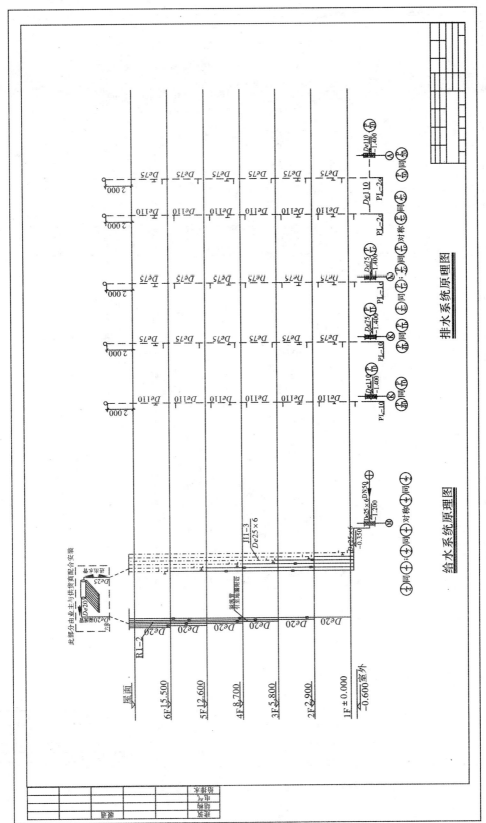

图1-65　系统原理图(单位：mm)

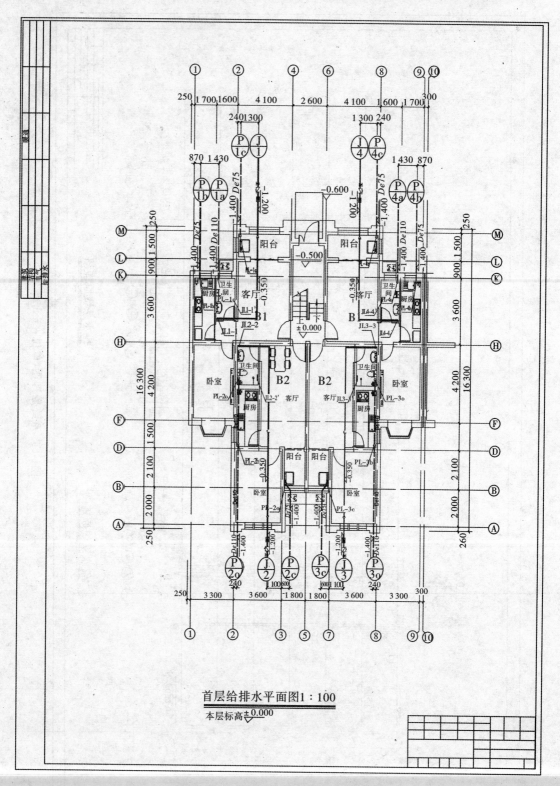

首层给排水平面图1:100

本层标高±0.000

图1-66 首层给排水平面图(单位:mm)

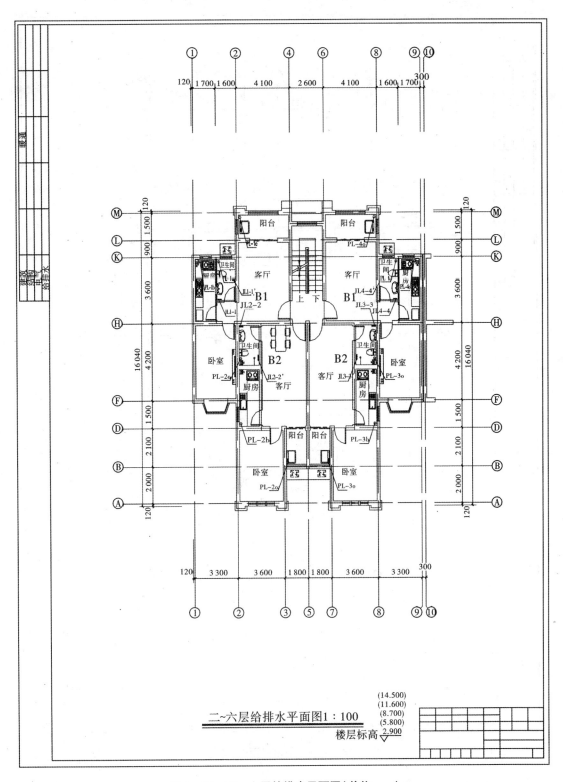

二~六层给排水平面图1：100

楼层标高

(14.500)
(11.600)
(8.700)
(5.800)
2.900

图1-67 二~六层给排水平面图(单位：mm)

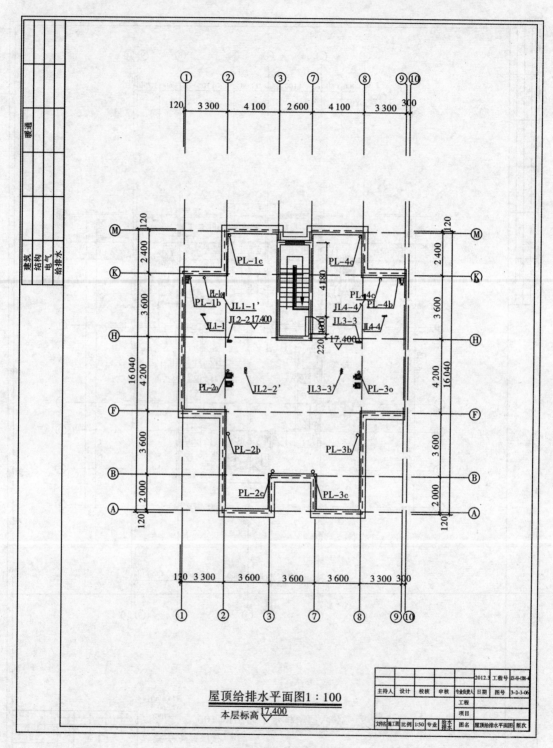

屋顶给排水平面图1:100

本层标高17.400

图1-68 屋顶给排水平面图(单位:mm)

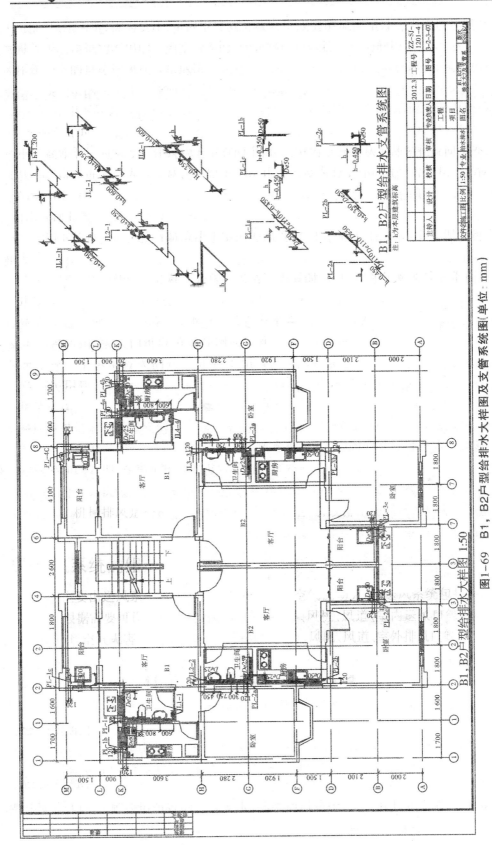

图1-69 B1、B2户型给排水大样图及支管系统图(单位:mm)

本例中的给水系统有生活给水系统，采用市政直接给水方式，系统编号为J/1,J/2,J/3,J/4。J/1系统给水引入管为DN50的镀锌钢管，管道上设DN50的截止阀,DN50的止回阀,防止给水倒流,引入管进入室外集中水表井,接DN100分水器一分为六,连接旋翼式水表6只,集中水表的具体做法参考标准图集05YS10第28页。每只水表接De25 PPR管,在②轴线东面1 540 mm处,由北向南穿越⑩轴线进入建筑物,管道埋深(一般为管道中心线)-1.200 m,入户登高至-0.350 m,每支给水干管对应楼层接给水立管,分别为JL1—1~JL1—6,每根立管均为De25的PPR管,伸顶接入每户设在屋顶的太阳能储水罐底部进水口。在每根立管出地面后,每层楼地面标高上方0.250 mm处接入每户给水支管,立管再往上设截止阀、止回阀,在地面标高上方0.600 mm处接入每户热水支管。

　　JL1—1立管自地下出地面进入B1户型每户卫生间,在标高+0.250 m处设一顺水三通,接出De25的PPR管向B1户型业主供水,给水支管沿①轴线自南向北明装在墙壁上,起端装截止阀,中间设三通、角阀向洗手盆供水,洗手盆的安装方法、要求、尺寸参考标准图集09S304中4″单柄水嘴台下式洗脸盆安装图,后设三通、角阀向座便器供水,座便器的安装方法、要求、尺寸参考标准图集09S304连体式下排水(普通连接)座便器安装图。行至⑯轴线接三通分东、西两支,西支管沿⑯轴线向西末端装弯管、角阀向厨房洗涤盆供水,关于厨房洗涤盆安装方法、要求、尺寸见标准图集09S304单柄水嘴双槽厨房洗涤盆安装图;东支沿⑯轴线行至②轴线转南向卫生间淋浴器供水,淋浴器的安装方法、要求、尺寸参考标准图集09S304双管管件淋浴器安装图。东支管在卫生间⑯②轴线交汇点引出另一路管向阳台上的洗衣机供水,这路支管向下到地面找平层内,接弯管向东穿越②轴线至客厅,在客厅找平层内沿轴线②向北穿越⑩轴线至阳台,接弯管出地面+1.200 m处向东一段距离后装皮带水龙头向洗衣机供水。J/1系统其他立管情况与JL1—1相同。

　　J/2系统的引入管(DN50镀锌钢管在③西面1 100 mm处,穿越④轴线进入建筑物)、集中表井、给水干管(De25×6,行至⑪轴线)、立管情况与J/1系统相同,在给水支管上与J/1不同。

　　JL2—1立管出地面进入B2户型每户卫生间,在标高+0.250 m处设三通接De25的管向卫生间供水,支管沿轴线②自北向南明装在墙壁上,起端设一个DN25的截止阀,向南设2个三通、2个角阀分别向洗手盆、座便器供水,其安装要求、方法、尺寸如B1户型。支管行至排烟道向东、再向南至卫生间南墙,分两路给水支管,一路沿轴线⑥向东行至淋浴器,接三通、角阀给淋浴器供水,淋浴器安装要求、方法、尺寸如B1户型;一路穿越⑥轴线进入厨房,贴排烟道向南再向西至②轴线,在支管上接三通、角阀,给厨房洗涤盆供水,其安装要求、方法、尺寸如B1户型。支管在⑪、②轴线墙壁交汇处接弯管向下至地面找平层,沿⑪轴线行至③轴线向南至阳台,一段距离后接弯管出地面+1.200 m处装皮带水龙头向洗衣机供水。给水支管管径均为De25 PPR管。J/2系统其他立管情况与JL2—1相同。J/3系统同J/1,J/4系统同J/2。

　　(5)在给水管道上安装水表时必须查明水表的型号、规格、安装位置以及水表前后阀门设置情况。

　　本建筑采用"一户一表、计量出户",每户水表统一安装在室外集中水表井里。其中水表井具体安装见05YS10。图1-70表示室外集中式水表井在给水系统中的安装位置,图1-71所示为室外集中水表中分水器和水表的安装方式。

　　(6)当有热水供应时,热水管往往画在室内给水、排水施工图上,如本例。识图时弄清楚热水的加热方式、加热设备、热水管的布置和走向,以及各部接管情况。

本例中设计了分户集热、分户储热水箱的太阳能热水系统。太阳能热水器是利用太阳的热能将水加热的装置，不消耗有限的能源，利用天然的能源，运行费用低，维护方便、安全。典型的太阳能热水器由集热器、水箱、连接管道、辅助部件(如水位计、温控、仪表、水泵等)几部分构成。本例中每户的集热器和储热水箱安装在屋面，其安装、调试及安全设置条件详见《太阳能热水器选用与安装》(06J908—6)。下面介绍太阳能热水系统的冷水热水连接管道。

结合系统原理图和各层平面图，可以看出本例太阳能热水系统采用紧凑式落水法，原理如图1-72所示。

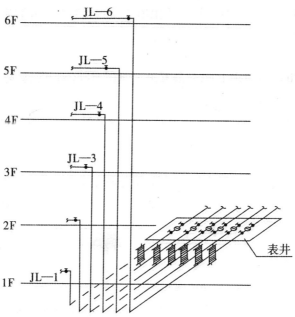

图1-70　室外集中式水表井给水系统图

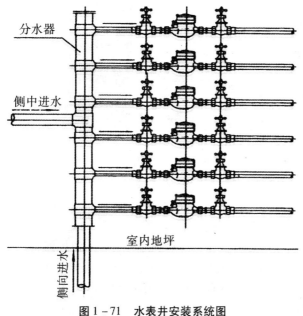

图1-71　水表井安装系统图

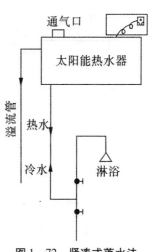

图1-72　紧凑式落水法

每户给水立管接给水支管上方均设一截止阀,一止回阀,后立管伸顶接入太阳能储热水箱底部,给水立管既是水箱的冷水给水管,也是用户热水供水管(用点划线表示)。水箱顶部接出溢水管,对应接入每户卫生间地漏附近。

向水箱供水时,将立管上截止阀打开,通过给水立管 $De25$,水进入屋顶水箱,当水箱中的水达到一定水位后,水箱里的水通过溢流管 $De20$,流出到室内卫生间,在人们看到溢流管出水后关闭截止阀,停止向水箱供水。

屋顶水箱里的水经过太阳能集热器加热后,水温升高。当用户需要用热水时,打开家里热水管道上的阀门,水箱里的热水通过原冷水给水管,由自身重力向用户供水。此时给水立管上止回阀不允许水逆向流动,截止阀是关闭状态,用户家里冷水、热水是分开供水的。

热水给水立管在楼层上方标高 +0.600 m 处接出 $De25$ 的横支管,首先横支管上设一 $DN25$ 截止阀,除去向洗衣机、座便器供应热水的管路,其管路铺设走向与给水立管相应的冷水横支管一样,铺设标高位于相对于冷水管道上方 +0.100 m 处。

(7)结合平面图和系统图,了解排水系统的排水体制,查明管路的平面布置及定位尺寸,弄清楚管路系统的具体走向、管路分支情况、管径尺寸与横管坡度、管道各部标高、存水弯型式、清通设置情况、弯头及三通的选用。

本工程排水系统采用污、废水合流制,系统编号为 P/1a,P/1b,P/1c,P/2a,P/2c,P/3a,P/3c,P/4a,P/4b,P/4c,穿基础处标高 -1.400 m。

P/1b 经轴线Ⓑ出建筑物,与轴线①的距离为 870 mm,处东侧,负荷设置在 B1 户型厨房内PL—1b 立管收集的各层厨房洗涤盆的污水,从底层至顶层与通气立管连接,排水立管和排出管管径均为 $De75$。在各楼层高 +0.350 m 处,用异径顺水三通连接支管。洗涤盆设 P 型存水弯(产品出厂时自带排水附件),支管管径 $De50$。

P/1a 经轴线Ⓑ出建筑物,在 P/1b 东侧 1 430 mm 处,立管和排出管管径 $De110$,负荷 B1户型卫生间内 PL—1a 立管收集的各层卫生间污水。卫生间里自南向北,洗手盆设 S 型存水弯,座便器、地漏自带水封,管道上不设存水弯。卫生器具附件与支管连接均采用顺水三通,有管道转弯处用 90°弯头连接,支管管径由 $De50$,经座便器变为 $De110$,直至顺水三通与立管连接。横支管铺设在楼层地面找平层内,相对楼层标高 -0.450 m。

P/1c 穿轴线Ⓜ出建筑物,在轴线②东侧 240 mm 处,管径 $De75$,负荷设在 B1 户型阳台上PL—1c 立管收集的各层洗衣机的排水。用异径顺水三通连接 $De50$ 的横支管,铺设在找平层-0.450 m 内,洗衣机排水用专用洗衣机地漏,不设存水弯。

P/2a 经轴线Ⓐ出建筑物,位于轴线②东侧 240 mm 处,负荷 B2 户型厨房和卫生间 PL—2b、PL—2a 立管收集的各层厨房和卫生间排水。排出管管径 $De110$,PL—2b 立管与排出管用$De110 \times 75$ 的异径三通和大转弯半径弯头连接,PL—2a 立管与排出管用两个 45°$De110$ 的弯头连接。PL—2b 立管设置在厨房里,其支管情况与 PL—1b 立管的排水横支管情况相似。PL—2a立管的横支管与 PL—1a 立管的排水横支管情况相似。

P/2c 位于轴线③东侧 600 mm 处,管径 $De75$,负荷 B2 户型阳台上各层洗衣机的排水,穿轴线Ⓑ出建筑物。立管 PL—2c 上连接的排水横支管情况与 PL—1c 情况相似。

其余排水系统与其上 5 个排水系统,或相同,或对称。

本例排水系统统一采用 PP 静音聚丙烯管,排水立管地面以上 1.000 m 处设检查口,六层以上与通气管连接,通气管管径与所连接的排水立管管径相同,通气管伸出屋面(标高

17.4 m)向上2 000 mm,顶端各设风帽一个。

(8)了解管道支吊架型式及设置要求,弄清楚管道油漆、涂色、保温及防结露等要求。

室内给水排水管道的支吊架在图样上一般都不画出来,有施工人员按有关规程和习惯做法自己确定,如本例的给水管道为明装,可采用管卡,按管线的长短、转弯多少及器具设置情况,按管径大小提出各种规格管卡的数量。排水立管用立管卡子,装设在排水管道承口下面,每层设一个,排水横管则采用吊卡,间距不超过2·m,吊在承口上。管道的防腐、防结露、保温等根据管材特点按图纸说明及有关规定执行。

(二)高层建筑给水排水工程施工图的识读

高层建筑因为建筑高度,对给水排水的要求与多层多有不同:

(1)看文字部分和平面图,查看建筑物情况及主要用水单位。

本工程是某小区1#楼(见图1-73至图1-83),共18层塔式高层住宅,建筑内有生活给水系统、生活污水系统和消火栓给水系统。首层架空,二至十八层结构相同,一梯四户,四户相对十⑭轴线相似,左侧为A1,A2户型,右侧为A2,A3户型,主要的用水单位是每户的卫生间、厨房及阳台的洗衣机。

(2)看平面图,查看卫生洁具、用水设备和升压设备的类型、数量、安装位置、定位尺寸等。

查看标准层平面图,标准层分为A1,A2,A3三种户型,结合户型给排水详图,A1户型:三室两厅两卫,客卫和主卫布置在室内西边,位于轴线©,Ⓓ和①,③之间,客卫开间1.8 m,靠北墙自东向南设置1只洗手盆,1只地漏,1只座便器,1只浴盆,洗手盆距离东墙1 300 mm,地漏中心线与洗手盆相距1 200 mm,座便器距地漏1 000 mm,浴盆中心线距座便器1 700 mm。主卫开间2.2 m,进深2.4 m,内设洗手盆1只,座便器1只,地漏1只,淋浴1只,洗手盆设置在主卫南墙,中心线距西墙800 mm,座便器、地漏、淋浴均设在北墙,其中座便器中心线距西墙600 mm,地漏中心线距座便器中心线450 mm,淋浴中心距离东墙200 mm。厨房位于室内东北角,轴线Ⓛ,Ⓝ和⑧,⑩之间,靠近Ⓝ轴线设洗涤盆1只,距离⑧轴线1 050 mm。阳台在客厅北面,在轴线Ⓝ以北,⑥,⑧轴线之间,设皮带水龙头1只,洗衣机专用地漏1只,皮带水龙头距离⑧轴线700 mm。

A2户型:两室两厅一卫,卫生间和厨房位于室内东面,Ⓕ,Ⓗ和⑫,⑭轴线之间,厨房长×宽=3.3 m×1.7 m,靠近⑫轴设1只洗涤盆,中心距离轴线1 050 mm,卫生间沿©轴自西向东设1只座便器、1只地漏、1只淋浴,座便器中心距⑫轴线600 mm,地漏中心距座便器中心350 mm,淋浴中心距⑬轴线200 mm,对面设1只洗手盆,洗手盆中心距⑫轴线950 mm。客厅南面连着阳台,在⑦,⑪轴线间,长3.6 m,洗衣机沿轴线⑪放置,设皮带水龙头1只,洗衣机专用地漏1只,地漏距离⑧轴线800 mm。另一A2户型与此户型关于⑭轴对称。

A3户型:三室两厅两卫,与A1户型相似,面积有变化。客卫和主卫位于©,Ⓓ和㉗,㉘轴线之间,客卫沿轴线Ⓓ设置1只洗手盆,1只地漏,1只座便器,1只浴盆,洗手盆中心线距离㉗轴线550 mm,地漏中心距离洗手盆中心600 mm,座便器中心距离地漏500 mm,浴盆龙头距离座便器中心850 mm。客卫沿①轴线设置1只淋浴,1只地漏,1只座便器,对面©轴线设置1只洗手盆,洗手盆中心线距㉘轴线800 mm,座便器中心距离㉘轴线700 mm,地漏中心距座便器450 mm,淋浴中心距离地漏中心870 mm。厨房位于入户门左边,轴线Ⓚ,Ⓝ和⑳,㉓之间,沿Ⓝ轴线设1只洗涤盆,洗涤盆中心距离㉓轴线1 050 mm。阳台与餐厅相连,位于Ⓝ轴线以北,㉓,㉕轴线之间,沿㉕轴线放置洗衣机,配皮带水龙头1只,洗衣机专用地漏1只,地漏距离Ⓝ轴线350 mm,距㉕轴线150 mm。

（3）结合平面图和系统图，查看室内给水系统型式、管路的组成、平面位置、标高、走向、敷设方式。查明管道、阀门及附件的管径、规格、型号、数量及其安装要求。

本例中的生活给水系统分两个区供水，2～5层为给水低区，由市政直接给水；6～18层为给水高区，由高区生活变频给水增压设备给水，其中6～11层设干管减压阀供水。消火栓给水不分区，室外设两组消防水泵接合器。

给水低区系统编号为J/1，给水引入管是 DN50 铝合金衬塑管，由南向北穿过ⓒ轴线进入建筑物，引入管在⑬轴线东 250 mm，管道埋深 −1.200 m，入户接入水井，连接给水立管 JL—1，立管登高至五楼，管顶接 DN25 的自动排气阀。JL—1 自地下出地面（ ±0.000 m），设 DN50 蝶阀、DN50 止回阀，一楼架空，无卫生器具，不设支管。立管登高至二楼，顺水三通接出管径 DN50 的水平给水支管，设 DN50 的蝶阀，支管垂直向下用三通分出 4 个平行支路接入每层楼的 4 个用户，每支路上安装一个 DN20 水平式水表，水表前后管路中各装一截止阀，水表用来计量每户用水。4 个平行支路之间的间距为 300 mm，其中最上方支路垂直距离立管支管 500 mm。每个支路出水井，地面找平层内铺设，接 dn25 的 PPR 管，第一个支路接入左侧 A2 户，沿⑫轴线进入户门，分三路：第一路向厨房洗涤盆供水，用三通接出，管径为 dn20，支管登高至楼层标高以上 +0.400 m，自西向东明装在墙壁上，管路上接一全塑截止阀，再接顺水三通、角阀，给洗涤盆供水，洗涤盆安装要求见 09S304—30 单柄水嘴单槽厨房洗涤盆安装图。第二路向卫生间供水，支管登高至楼层标高 +0.400 m，管路自西向东，管径为 dn25 设一截止阀，用三通、角阀向座便器供水，三通向淋浴器供水，管径变为 dn20，再设三通、角阀向洗手盆供水，其中座便器安装要求见 09S304—72 连体式下排水座便器安装图，淋浴器安装见 05YS1—104 淋浴器安装图。第三路向阳台上的洗衣机供水，洗衣机水龙头距离地面 +1.00 m。第二个支路接入左侧 A1 户，沿ⓛ轴线进入户门，行至⑧轴线分成两路，一路向北给厨房和阳台洗衣机供水，一路向西给客卫和主卫供水。在ⓛ⑧轴线交叉处用顺水三通分两路，第一路向北行至ⓝ轴线分成厨房供水、阳台供水，厨房供水支管与 A1 户型相同；另一支路穿ⓝ轴线转向西沿轴线ⓝ轴线行至⑥轴线登高至地面标高以上 +1.000 m，接皮带水龙头，支路管径为 dn20。在ⓛ⑧轴线交叉处另一支路继续向西行至③轴线，分成两路，一路向客卫供水，管路向北行至ⓒ轴线登高至地面以上 +0.400 m，自东向西明装在墙上，管径为 dn25，管路上设一截止阀，2 三通、2 角阀向洗手盆、座便器供水，接异径接头管径变为 dn20，接三通向淋浴器供水。另一路行至ⓒ轴线，管路走向、铺设与 A2 户型相似。

第三路、第四路支管接入右侧 A2，A3 户型，管路的走向、铺设方式与左侧对称。

三至五楼给水支管的情况与二楼一致。

给水高区系统编号为J/2，自高区变频给水设备接入引入管，DN80 的铝合金衬塑管，引入管由南向北穿过ⓒ轴线进入建筑物，在⑭轴线西 750 mm。引入管进入水井接 JL—2，JL—2 伸顶至屋顶，管顶接 DN15 自动排气阀。立管登高至十二楼接出两支管，一支管直接给十二楼用户供水，另一支路上接减压阀，给六至十一楼用户减压供水。减压阀两路并联，一用一备，前设压力表，再设蝶阀，Y 型过滤器，DN80 可调式减压阀，阀后压力0.10 MPa，减压阀后接可曲挠橡胶接头，蝶阀，压力表。十三至十八楼直接从 JL—2 立管接出支管给每层楼的用水供水。

六至十八楼各层支管情况与二楼情况相同。

从室外加压消防环管接出消防给水系统 X/1，X/2，系统 X/1 引入管是 DN150 的内外壁热镀锌钢管，距离⑪轴线东 750 mm，管道埋深 −1.200 m，出地面后管道上设一蝶阀，行至ⓚ轴线分两路向立管 XL—1，XL—2 供水，每个立管旁设一单出口消火栓，供向两路给水支管上各设一蝶阀。

系统 X/2 引入管,距离㉔轴线东 750 mm,管道埋深 -1.200 m,出地面后管道上设一蝶阀,行至Ⓚ轴线登高入户向立管 XL—3、XL—2 供水,两个系统支路管道相连接。

消防给水立管 XL—1、XL—2、XL—3 管径均为 DN100,给每层消防栓供水。每层楼设 3 个消火栓,设在左侧 A1 户、A2 户,右侧 A3 户入户门边。三根消防立管在十八楼层顶用 DN100 管相连接,横管贴梁底安装,从而使消火栓给水系统环状管网。屋顶消防立管 XL—a 设蝶阀,DN65,管顶接 DN15 自东排气阀,支路接屋顶消火栓,接压力表,再接检验用消火栓。

(4)在给水管道上安装水表时必须查明水表的型号、规格、安装位置以及水表前后阀门设置情况。

本例中水表设置在楼道管井中,水平安装,如图 1-83 所示。

(5)系统如设有水泵、水箱、水池等,结合平面图和这些设备的系统图,弄清设备与管道的连接情况。

(6)当有热水供应时,热水管往往画在室内给水排水施工图上,如本例。识图时弄清楚热水的加热方式、加热设备、热水管的布置和走向,以及各部接管情况。

本例没有设计热水系统,住户可以自行在家设计电热水器和家用燃气热水器,管路铺设、走向可参考冷水给水管路。

(7)结合平面图和系统图,了解排水系统的排水体制,查明管路的平面布置及定位尺寸,弄清楚管路系统的具体走向、管路分支情况、管径尺寸与横管坡度、管道各部标高、存水弯型式、清通设置情况、弯头及三通的选用。

本例的排水系统是污、废水合流制,设 P/1 ~ P/10 共 10 个排水系统,各排水系统管路埋深 -1.300 m,另设 1 个压力排水系统 YP/1,用于排出一楼集水坑里的污水。二楼部分卫生洁具单独排水,其他楼层合流排水。

系统 P/1 与②轴线东距离 1 150 mm,排出管管径 DN150,负荷 PL—1 A1,PL—1 A2 立管收集的污水,立管管径 De110,PL—1 A1 与排出管用 45°弯头、异径斜三通连接,PL—1 A2 与排出管用 45°弯头、偏心异径管、大转弯半径弯头连接。立管 PL—1 A1 负荷各层 A1 户型用户客卫的排水,洗手盆、地漏设 S 型存水弯,座便器自带水封,不设存水弯,浴盆设 S 型存水弯,支管管径由 De50 变为 De110 与立管用顺水三通连接。立管 PL—1 A2 负荷各层 A1 户型主卫的排水,立管南侧的洗手盆设 S 型存水弯,支管管径 De50,东侧的座便器不设存水弯、地漏设 S 型存水弯、淋浴设 S 型存水弯,管径由 De110 变为 De50。

系统 P/2 与⑥轴线西距离 570 mm,管径 DN100,负荷 PL—2 A1 立管收集的污水,立管管径 De75,负荷各层左侧 A2 户厨房排水,设 P 型存水弯,支管管径 De50。P/6 同 P/2 系统。

系统 P/4 与⑥轴线东距离 250 mm,管径 DN100,负荷 PL—1 A3 立管收集的污水,立管管径 De75,负荷各层 A1 户阳台洗衣机的排水,洗衣机专用地漏设 P 型地漏,管径 De50。P/9,P/11,P/12 同 P/4 系统。

系统 P/5 与 P/2 相似。

系统 P/3 与⑥轴线西距离 270 mm,负荷 PL—2 A2 立管收集的 3 ~ 18 层左侧 A2 户卫生间的排水,二楼卫生间单独排水。3 ~ 18 楼排水支管情况与 PL—1 A2 相同,二楼排水支管在一楼地面以上 +1.590 m,支管上有淋浴、洗手盆、地漏设 S 型存水弯,座便器不设存水弯,支管管径由 De75 变为 De110,后用斜三通与 PL—2 A2 横干管连接,立管管径 De110,横干管用斜三通与排出管连接,排出管管径 De160,后连接 DN150 的管穿Ⓝ轴线出建筑物。P/8 同 P/3 系统。

设计施工说明

1.设计依据
《建筑给水排水设计规范》GB 50015—2003(2009版)
《高层民用建筑设计防火规范》GB 50045—95(2005年版)
《住宅设计规范》GB 50096—1999(2003年版)
《建筑灭火器配置设计规范》GB 50140—2005

2.项目概况
2.1 本工程位于昌市十里铺新家园I#楼，小区建设位置云路以南，铁路以西，金呼大道以北。水昌路以西，具体位置详见平面图。
2.2 本工程为18层塔式楼住宅。防火设计防火分类：为一类高层建筑。耐火等级：一级。
2.3 本工程地上三至十层为塔式住宅，底部设半地下车库大道以北，水昌路以西，总建筑高度54.0 m。建筑物总高度为18层。
2.4 设计内容：本建筑内生活给水系统、生活污水系统、消火栓系统、灭火器配置。
3.管段配置。

3.管段配置
3.1 生活给水系统
3.1.1 市政给水管网供水压力为0.28 MPa。
最大时用水量4.73 m³/h。
3.1.2 最高日用水量38.56 m³/d；最大时用水量4.26 m³/h。
3.1.3 室内消防用水量为20 L/s，火灾延续时间2 h。
3.2 室内污、废水系统
3.2.1 室内污、废水采用合流制。
3.3.1 室内消防给水系统
由给水系统分区，二层至五层为底层，由低一区供给。住宅给水入口处为高区供水，由小区加压泵给水供给，其中二层至六层设区设平减压下，由离区区采用变频给水泵供给。
3.3.2 室内消火栓系统不分区，室外设2组消防水泵接合器。采用水泵接合器。
3.3.3 消防由小区设计统一考虑。消火栓口及水龙带直径为DN65 mm，25 m长衬胶水带，选用旋转型直接防型消防火栓，设置消火栓火灾器箱。
3.3.4 室内消火栓系统入口压力≥0.90 MPa。
3.3.5 消火栓系统设置在44栋楼屋顶，保证消火栓系统前10min水量。效积不小于18 m³。

4.灭火器配置
4.1 住宅按轻危险级配置，其余部位按中危险级别配置。
4.2 选用手提式磷酸铵盐干粉灭火器，其数量及位置详见平面图，具体设置数量及位置详见平面图。单具灭火级别：MF/ABC3，2A/具，3 kg/具。
1A/具，1 kg/具，MF/ABC3，具体位置及数量见平面图。

5.消防防水池
5.1 消防水池
5.2 消防水泵房设置在一期地下，但要满足10min水量，保证消火防系统前10min水量。

6.管材
6.1 生活给水管
6.1.1 生活给水支管采用无规共聚聚丙烯(PP—R)给水管，热熔连

接；冷水管为S4(1.6 MPa)系列。生活给水立管采用铝合金村塑管(LPRGE)，热熔连接，丝扣连接。
6.1.2 铝合金村塑管给水管门直接连接，应采用村塑质内村钢的内外螺纹专用过渡管接头；铝合金村螺纹直接连接，应采用黄铜制所专用内螺纹连接件，应采用长度不小于给水栓之平金属管段进港。
6.1.3 PP—R管不得直接与热水器连接，可设伸缩节进港。

6.2排水管采用内外壁喷胶封圈承插连的聚内烯照级静音排水管，承插末制连设埋在墙部及排出管采用柔性承插铸铁管与热水器连接。
6.3 室内消火栓管采用内外壁镀锌静音钢管，管径<80 mm螺纹连接，管径≥80 mm螺纹连接，管径采用沟槽式连接。
6.4 压力污水管1为0.9 MPa。管径≥80 mm卡箍连接。
7.阀门及附件
7.1 生活给水管立管底部位采用不锈钢截止阀1为1.6 MPa。
阀门撤漏注1附件额定工作压力为1.6 MPa。
7.2 消火栓系统阀门采用球形阀门或球阀，额定工作压力1.00 MPa。
7.3生活污水通气管顶上的阀门及球形阀各处允系外范两同，不得采用一次冲水量大于6 L的坐便器。
7.4地漏均采用用有水封地漏，地漏厚设存水，洗衣机处地漏安村专用地漏，水封式专用地漏不得低于50 mm，所有存水封不得低于70 mm。
7.5 污水立管检查于底配有局或或检查稍，稍底不小于50 mm。
7.6 生活给水器具均采用节水型水龙头产品，卫生洁具配件均采用节水型水龙头产品。
7.7 全部给水配件均采用国标样式栓专，严禁在沿内配管孔洞10~20 mm的胶水管。

7.8 住宅给水系统设置于水表同户内的分户穿越楼层处的火油处均应设置顶火横。
7.9 管径≥De110的塑料污水管应设置阻火圈。
8.管道敷设
8.1 室内给水管宜暗敷，卫生间明直明设，应在室内竖墙板内或安村在楼板或内的弯管，其内部应与钢筋混凝土墙和楼板砌堵，底面应与给水表在套板平。
8.2 水立管穿楼板时，应在楼板内预留孔洞，管道安村完毕后应用细石混凝土分两次填实，其间应管楼顶一号，楼板顶面应防水套管。
8.3 排水管穿楼底楼面应设防水套管。
8.4 排水横管的敷设坡度0.002坡度坡向立管或或地漏装置，排水横管坡度采用0.026。排水横支管一般比给水支管大一，管沟尺寸给水管立排管中注明，一般比给水支管大一号，排水管坡度采用0.007。楼板预留稍尺寸。
8.5 管道坡度
8.6 管道穿楼层穿楼屋墙设置应符合下列规定：
8.6.1 给水管、消防给水管采用0.020、DN50以及DN200、i=0.008。
8.6.2 塑料排水管与排水管坡度采用DN75、i=0.015、De110、i=0.012、De160、i=0.010；DN200、i=0.008。
8.7.1 卫生器具排水管与排水横管垂直连接，应采用90°斜三通。

变头采用带放弯头。
8.7.2 排水横管立管的黄铜水三通连接，宜采用45°斜四通和顺水三通或顺水四通。
8.7.3 排水立管与排出管端部的连接，宜采用两个45°弯头或弯曲半径不小于4倍管径的90°弯头。
9管道的防松和保温
9.1 管道底座管，应清除表面的灰尘、污物、锈渣、焊渣等物。
9.2 镀锌钢管及复合管门做外防腐、明装的，采用PP-R的管段区不得小于0.9 MPa，住宅给水底区不得小于立管区不得小于0.9 MPa，高区不得小于1.1 MPa。区不得小于1.1 MPa。
1C.生活给水应做除外防锈和通风底验；管道，埋地的则冷防于油一道、石油沥青底两道。防水管采用长度不小于石油沥青两道。
1C.管道试压和冲洗
1C.管道试压压力为0.9 MPa。
1C.1 生活给水管道试验压力为1.5倍。采用严密性试验和冲洗。
1C.3 生活给水系统管道在交付使用前必须进行冲洗和消毒。
1C.3 生活给水系统应符合国家《生活饮用水标准》方可使用。
1C4生活给水系统应做压力管冲洗和试验，水压试验应压力射试验，水压试验应压力试验。
1.4 MPa。
1.其它
1.1.1 图中所注尺寸除管长，标高以m计外，其余以mm计。
1.2 本图所注主管道标注，公称直径，DN公称直径中
1.3 图中根据选用的管径标标注方法，DN公称直径(PPR)，De为公称外径，公称直径和公称外径(U*VC)，复合管内村(PPR)、dn为公称外径。
径对应关系如下：

给水管 公称直径 DN	15	20	25	32	40	50	65	80	100
公称外径 dn	20	25	32	40	50	63	75	90	110
排水管 公称直径 DN	40	50	75	100	125	150			
公称外径 De	40	50	75	110	125	160			

11.4燃气热水器安村于设明外，施工中还应遵守以下规范：
11.5除本设计说明外，电热水器必须带有保证安全的装置，严禁在浴室内设置直排式燃气热水器等处使用空间内积聚有害气体的加热设备。
11.5建筑给水排水及采暖工程施工质量验收规范 GB 50242—2002
《建筑给水排水施工技术规范》GB/T 50349—2005
《建筑给水排水施工质量验收规范》GB/T 50349—2005

图1-73 设计施工说明

图　例　表

图例	名称
J—	给冷水管
—W—	污水管
—YF—	压力废水管
—X—	消火栓水管
	单栓消火栓（带平面系统）
	水泵
	自动放气阀
	螺纹阀
	止回阀
	压力表
	闸阀
	截止阀
	角阀
	室内干粉灭火器
	手提式干粉灭火器
	普通水龙头 洗衣机水龙头
	淋浴器
	洗衣机地漏平面系统
	直通式地漏
	板上式S型P型存水弯
	污水、雨水立管检查口
	通气帽
	Y型过滤器
	减压阀
	丝扣伸缩器

标　准　图　集

序号	名称	
1	室内管道安装及吊架	03S402
2	2S P15排气调·详图（消防用）	04S206-77
3	1·输配管道连接安装	04S206-81-9
4	4″单柄阀在上式排给盆冷热组图	09S304-41
5	连体式F带水坐暖器洗脸盆冷热组图	09S304-72
6	单柄大畅阀附厨所洗脸盆水冷热组图	09S304-30
7	淋浴器——带卫品记录组图	05YS1-104
8	水平式大便器冷水装	01S105-8
9	螺纹阀力度运转与安装	01S105-19-24
10	卡导式可啊巾水套柔性阀用与P记表	01S105-73-79
11	消声阀经予消火栓箱	04S202-11
12	随CD水给阀（总型）瓷消阀	04S202-16
13	随四阀水用耐爆聚乙烯管（PVC—U）消直交装	04S404-15
14	随四阀聚用消防给阀——胎部水管交装	96S406（参）
15	无摆跟裸阀氨制式排铜烯阀直接式交	02S405-2
16	无摆DN水无阀器阀——胎取用阀配图间管图DN60	04S301-35
17	随四阀水潘D口（甲型）交装	04S301-12,13
18	随阀阀雨水立变啊喝阀阀图	04S301-107
19	内刚阀度啊水接随电随立变阀阀阀	04S301-113-115
20	随阀阀用阀热阀电随随电随阀阀阀	04S301-117-118
21	阀阀阀间阀随阀随接喝喝阀阀阀阀	04S409
22	潜水排污泵用阀阀随阀随目前阀阀目次变	01S305-33-34
23	防火套管	02S404

图纸目录

图号图别	图纸名称	图纸规格
01 水施	设计施工说明	A2+1/4
02 水施	图例表、标准图集、主要设备表	A2
03 水施	一层给排水平面图	A2
04 水施	二至十八层给排水平面图	A2
05 水施	机房层给排水原理图	A2
06 水施	给水系统原理图	A2+1/4
07 水施	消火栓系统原理图 集水井排水系统原理图	A2+1/4
08 水施	排水系统原理图（一）	A2
09 水施	标准层厨卫间给排水大样图（一）	A2
10 水施	排水系统原理图（二） 标准层厨卫间给排水大样图（二） 标准层厨卫间排水支管展开图	A2

主　要　设　备　表

注：此表仅供参考

序号	名称	规格型号	数量	备注
1	减压稳压型消火栓	室转型消火栓 SNZW65-III-H	53只	
2	屋顶试验消火栓		1只	
3	薄型单栓室内消火栓箱	650×80 m²160,屋DN65,25 m衬胶水带,19附合金水枪	53套	
4	室内水表	DN20/LXS-20C	68只	
5	干粉灭火器	磷酸铵盐,MF/ABC1.1 A/具 磷酸铵盐,MF/ABC3.2 A/具	34具 2具	用于住宅 用于电梯机房
6	潜水排污泵	65W C40-15-4 Q=40 m³/h H=15 m P=4 kW	2台	一用一备

项目名称			手项		合同号10J-44
					设订号[09]-44-1
图例表、标准图集、主要设备表					图别　水施
					图号　02
审定		专业负责人			日期
审核		负责人			
项目负责人		校对			
		设计			
制图		描图			

图1-74　图例、标准图集、图纸目录、主要设备表

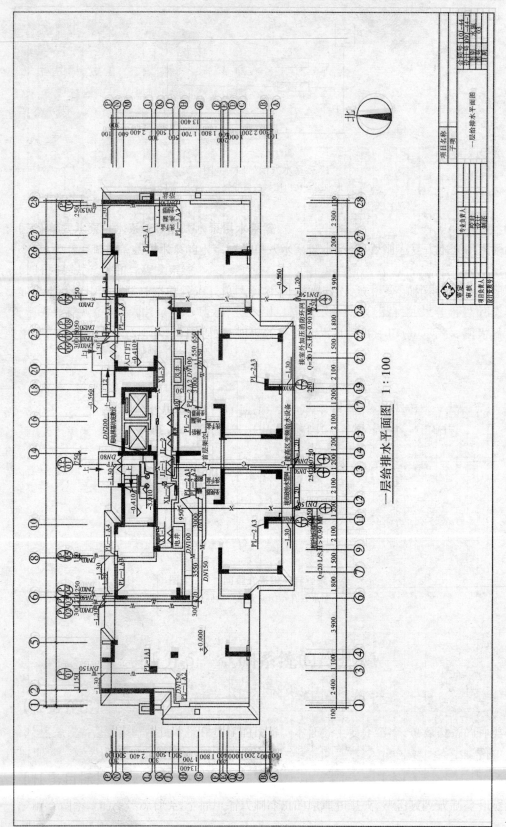

图1-75 一层给排水平面图(单位：mm)

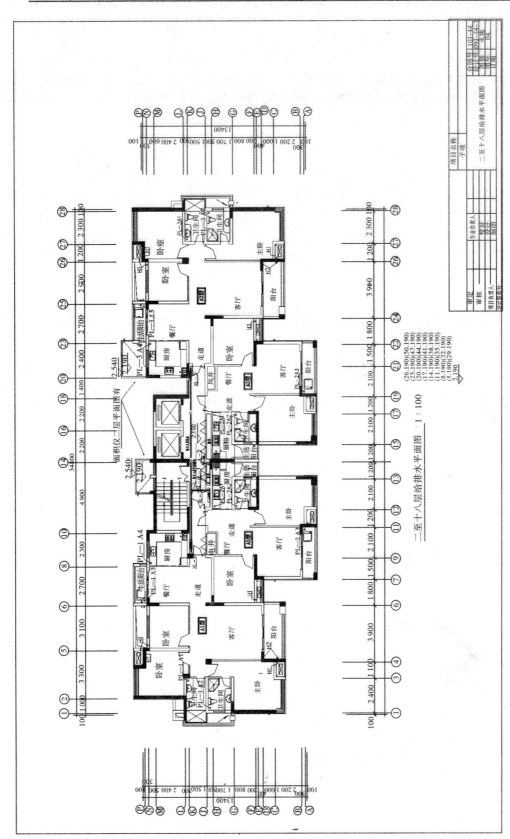

二至十八层给排水平面图　1：100

图1-76　2～18层给排水平面图(单位：mm)

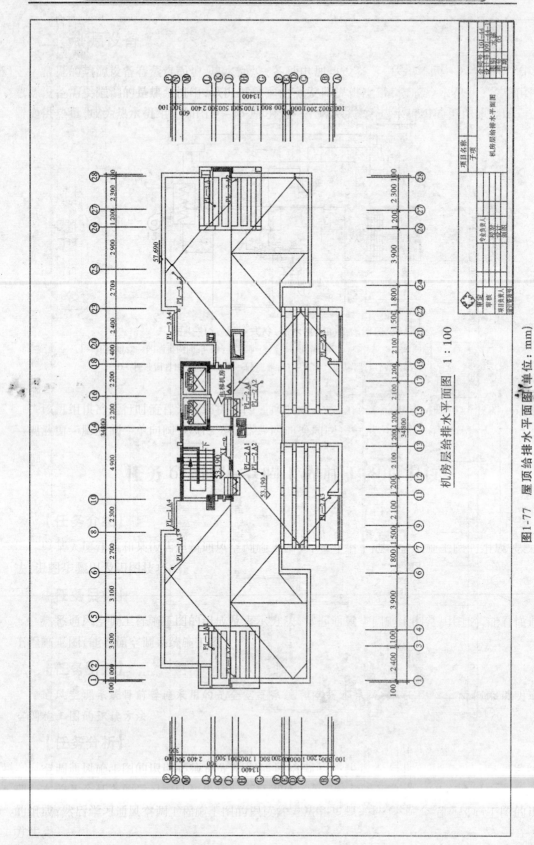

机房层给排水平面图 1:100

图1-77 屋顶给排水平面图(单位：mm)

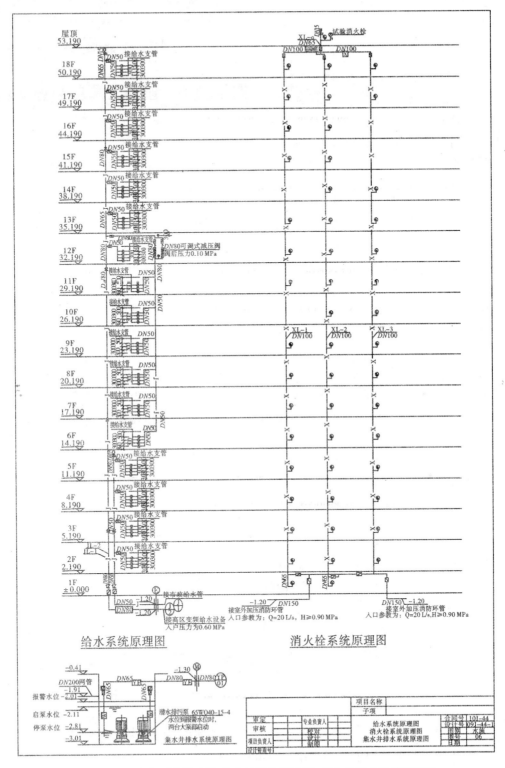

图 1-78 给水系统原理图、消火栓系统原理图、集水坑排水系统原理图

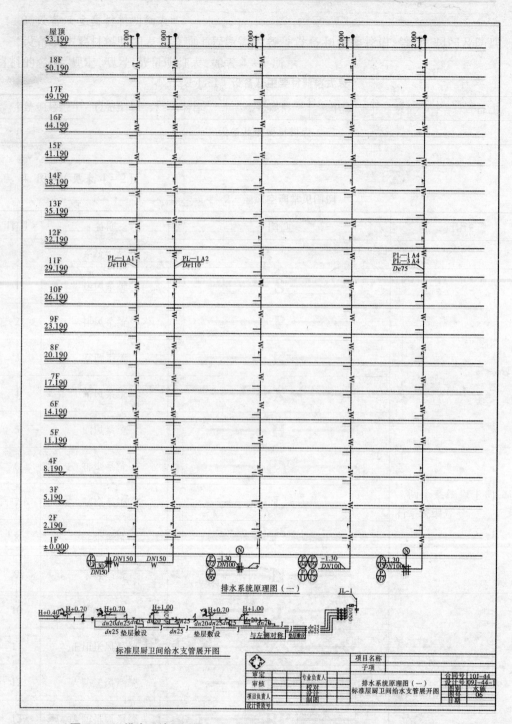

排水系统原理图(一)

标准层厨卫间给水支管展开图

图1-79 排水系统原理图(一)、标准层卫生间给水支管展开图(单位:mm)

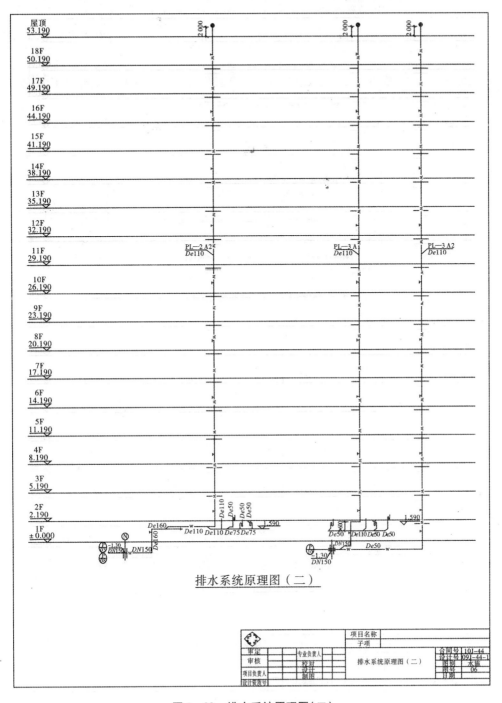

排水系统原理图（二）

排水系统原理图（二）

图 1-80　排水系统原理图(二)

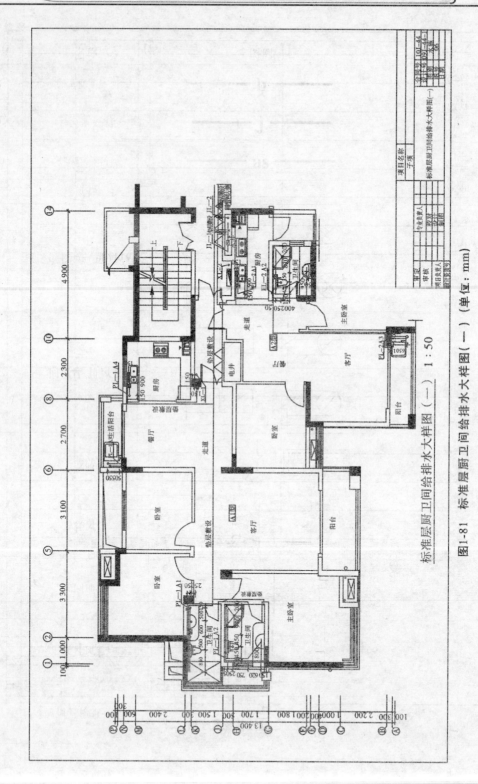

标准层厨卫间给排水大样图（一） 1：50

图1-81 标准层厨卫间给排水大样图（一）（单位：mm）

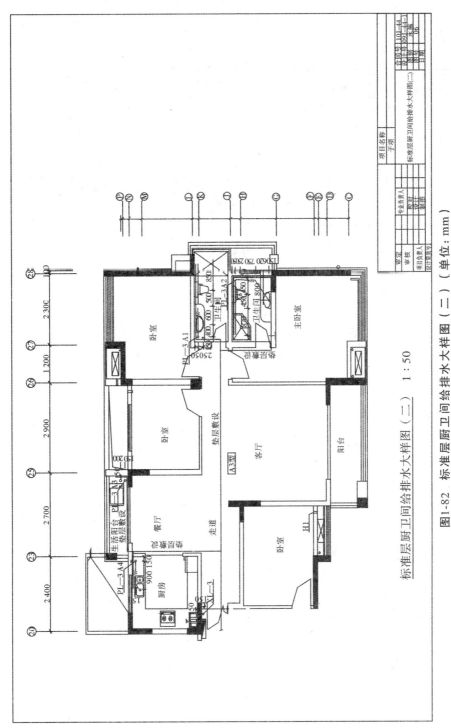

标准层厨卫间给排水大样图（二） 1：50

图1-82 标准层厨卫给排水大样图（二）（单位：mm）

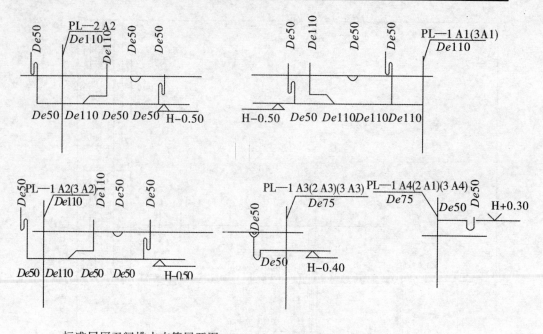

标准层厨卫间排水支管展开图　　1:50

图1-83　标准层厨卫间排水支管展开图

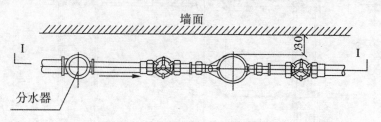

图1-84　水平式水表安装示意图

系统 P/10 与㉘轴线西距离250 mm,负荷 PL—3 A1,PL—3 A2 收集的3~18层 A3 户客卫和主卫的排水,二楼卫生间单独排水。立管 PL—3 A1 与 PL—1 A1 立管相似,PL—3 A2 与 PL—1 A2 立管相似。

排水管管材均采用聚丙烯超级静音管,不设伸缩节,立管适当位置设置检查口,从底层至顶层与通气管连接,通气管与所连接的排水立管管径相同,伸出屋面(标高 +53.190 m)向上 2 000 mm,顶端各设风帽一个。

系统 YP/1 是压力排水系统,用来排出一楼集水坑里的给水。集水坑内设置两台潜污泵,DN65 的钢管与潜污泵出水管道相连,管道向上设置一蝶阀、止回阀,出集水坑管径变为 DN80。当水位达到 -2.110 m 时一台潜污泵启动,开始排水,水位达到 -2.810 m 时潜污泵停止工作。当集水坑水位达到 -2.010 m 的警戒水位时,两台潜污泵启动排水。

项目二

建筑采暖工程施工图的识读

任务 1　热水采暖系统

【任务介绍】

本任务主要介绍了散热器采暖系统工作原理、常用的图式,低温地板辐射采暖系统的构造、管道布置敷设要求等内容。

【任务目标】

熟悉常用的散热器采暖系统,掌握单户计量系统的图式,掌握低温地板辐射采暖系统的构造做法与管路敷设要求。

【任务引入】

冬季,采暖系统持续不断地向室内补给热量,大家才能享受如春天般舒适的室温。这些热量从哪里来? 怎样实现热量的不间断补给呢?

【任务分析】

房间设置各种形式的散热器,散热器内流动着一定温度的热媒才能保证向房间散热。这些热媒都是什么? 这些热媒是如何通过管道流向散热器的? 新建的住宅宜采用分户计量采暖系统,由室外热源产生的热媒通过怎样设置的管道流向散热器呢? 热水通过散热器散出热量,须经管道流回热源重新被加热,这个循环系统的动力是什么? 接下来我们将共同学习热水采暖系统。

 相关知识

在热水采暖系统中,热媒是热水。热源产生热水,经过输热管道流向采暖房间的散热设备中,散出热量后经管道流回热源,重新被加热。热水采暖系统中的水如果是靠供回水温差产生的压力循环流动的,称为自然循环热水采暖系统;系统中的水若是靠水泵强制循环的,称为机械循环热水采暖系统。

一、热水采暖系统工作原理

（一）自然循环热水采暖系统的工作原理

图 2-1 是自然循环热水采暖系统的工作原理图,系统由热源(锅炉)、散热设备(散热器)、供水管道、回水管道及膨胀水箱组成。系统运行前,整个系统要充满水至最高处,系统工作时,水在热源处加热,水的温度升高,体积膨胀,密度和容重变小;热水沿供水管上升流入散热器,在散热器内热水释放热量,温度降低,密度和容重变大,沿回水管流回热源继续被加热。系统中温度差造成了密度和容重的差别,从而形成了推动整个系统中的水沿管道流动的动力,这种动力称为自然压头。

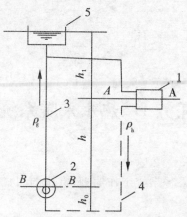

图 2-1　自然循环热水采暖系统工作原理图
1—散热设备;2—热源;3—供水管道;4—回水管道;5—膨胀水箱

假设热水在管道中损失的热量忽略不计,图中 A—A 以上,左右两边管道中均为供水温度、供水密度和容重都相同,分别用 t_g、ρ_g 和 r_g 表示;在 B—B 以下,左右两边管道中都是回水温度、回水密度、回水容量,分别用 t_h、ρ_h 和 r_h 表示。它们在系统中产生的压力相互抵消。起作用的只有散热器中心 A—A 和锅炉中心 B—B 之间的这一段高度 h,它产生的作用压头 p 为

$$p = gh(\rho_h - \rho_g) = h(r_h - r_g)$$

当 $t_g = 95\ ℃$,$t_h = 70\ ℃$,$h = 1\ m$ 时,$p = 156\ Pa$,这说明在 $95\ ℃/70\ ℃$ 的热水采暖系统中,每米高差能产生 $156\ Pa$ 的自然压头。

系统中的水受热后体积膨胀,系统内压力上升,为防止系统破裂,保证系统的正常运行,在供水总立管顶部设置膨胀水箱,膨胀水箱的容量必须能容纳系统中因加热而增大的体积。再则,溶解在水中的气体受热析出,气泡浮生速度快,水流速度缓慢,所以膨胀水箱还有排出系统中空气的作用。另外,要求供水干管、回水干管均顺坡敷设,一般情况下,供回水干管顺坡敷设坡度均宜采用 3‰。

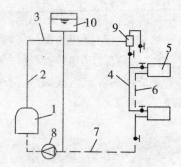

图 2-2　机械循环热水采暖系统示意图
1—热源;2—供水总立管;3—供水干管;
4—供水立管;5—散热器;6—回水立管;
7—回水干管;8—循环水泵;
9—集气罐;10—膨胀水箱

(二)机械循环热水采暖系统的工作原理

图2-2是机械循环热水采暖系统简图,与自然循环系统相比,本系统增加了水泵、集气罐等设备。在这种系统中,水的循环主要依靠水泵产生的压力。水在热源内加热,沿总立管、供水干管、供水立管流入散热器,释放热量后沿回水立管、回水干管,由水泵压回热源。系统中水流速度较快,为排除系统内部空气,要求供水干管逆坡敷设,并且在供水干管的最高点设置排气装置,回水干管顺坡。管道敷设坡度均宜采用3‰,不得小于2‰。水泵设在回水干管上,膨胀水箱设在系统的最高点,连接在水泵的进水口管道上,它可使整个系统在正压下工作,保证系统中的水不致汽化,从而避免了因水的汽化而中断正常循环。

二、散热器热水采暖系统

(一)概述

热源产生热水,经过输热管道流向各采暖房间的散热器中,散热器以对流和辐射两种方式向室内散热,散出热量后经管道流回热源,重新被加热,称为散热器热水采暖系统。

利用散热器采暖的系统中,散热器与管道的连接方式称为图式。按与散热器连接的管道根数的不同可分为单管系统和双管系统,单管系统还可分为跨越式和顺流式;按供回水干管辐射的位置不同分为上供下回式、下供下回式、上供中回式和上供上回式等。

(二)常用图式

1.机械循环上供下回式热水采暖系统

上供下回式热水采暖系统的供水干管敷设在系统的上方,回水干管敷设在系统的下方。如图2-3所示为机械循环上供下回式热水采暖系统,图左侧为双管式系统,右侧为单管式系统。立管Ⅰ为双管单侧连接,立管Ⅱ为双管双侧连接,立管Ⅲ为单管单侧顺流式连接,立管Ⅳ为单管双侧跨越式连接,立管Ⅴ为单管单侧跨越式连接。

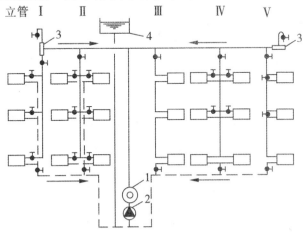

图2-3　机械循环上供下回式热水采暖系统
1—锅炉;2—水泵;3—集气罐;4—膨胀水箱

与双管系统相比,单管系统构造简单,施工方便,节约管材,造价低,比较美观,不宜产生垂直失调现象(即散热器上热下不热)。但下部楼层散热器表面温度低,在耗热量相同的情况下,所需散热器片数多,不便安装。顺流式系统不能调节热媒流量,也就无法调节室温。

2. 机械循环双管下供下回式热水采暖系统

本系统将供水干管和回水干管都敷设在系统所有散热器的下方,如图2-4所示。与上供下回式系统相比较,供水干管和回水干管都敷设在地沟中,管道保温,热损失少;顶层无供水干管,顶层房间美观;立管短,节省管材;可以随土建施工进度安装,冬季施工可以分层采暖;由于各层散热器采用异程式连接,即各个循环环路不等,在一定程度上缓和了上供下回式系统的垂直失调现象;但该系统排气复杂,需在顶层每组散热器上安装手动跑风门或将立管顶部加高,设专用的空气管道和排气装置排除系统内部空气。该系统适合于室温有调节要求、有地下室或采暖地沟或顶层不能设干管的四层及四层以下建筑。

3. 机械循环上供中回式热水采暖系统

本系统将回水干管设在一层顶板下或设在室外,可省去地沟,单双管系统均可,如图2-5所示。安装时,应在回水立管下端设置泄水丝堵,以方便泄水及排放管道中的杂物。供回水干管上均设置自动排气阀或其他排气设施。该系统适合于不宜设置地沟的多层建筑。

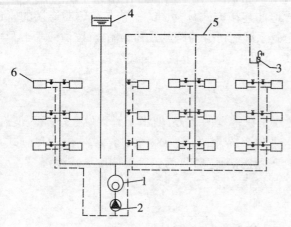

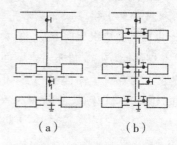

图2-4 机械循环下供下回式热水采暖系统
1—锅炉;2—水泵;3—集气罐;
4—膨胀水箱;5—空气管;6—手动跑风门

图2-5 上供中回式热水采暖系统
(a)单管系统;(b)双管系统

4. 机械循环中供式热水采暖系统

中供式系统是水平干管敷设在系统的中部,通常可设于建筑物的夹层内。下部系统呈上供下回式,上部系统可采用下供下回式或上供下回式,如图2-6所示。中供式系统减轻了上供下回式楼层过多而易出现垂直失调的现象,同时,可避免由于顶层梁底标高过低,致使供水干管遮挡顶层窗户而妨碍其开启的不合理布置。但上部系统(下供下回式)排气复杂,要设置排气装置。中供式系统可用于加建楼层的原有建筑或"品"字形建筑。

5. 分户计量水平双管散热器系统

工程中规定:新建住宅热水集中采暖系统时,应设置分户热计量和室温控制装置,实行供热计量收费。对于建筑内的公共用房和公用空间,应单独设置采暖系统,宜设置热计量装置。分户热计量是指以户(套)为单位进行采暖热量的计量,每户需安装热量表和散热器温控阀。热量表是用于检测及显示热载体为水流过热交换系统所释放或吸收热量的仪器,它是采暖分户计量收费不可缺少的装置。

（1）上供上回式热水采暖系统。如图2-7所示,该系统适用于旧房改造工程。能单独控制每组散热器,有利于节能。供回水管道布置在建筑物的上方,连接横干管和散热器的支管影响室内美观。系统管材用量多。

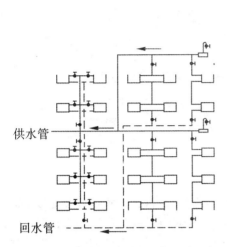

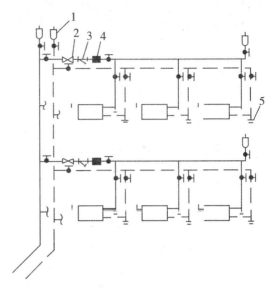

图2-6　机械循环中供式热水采暖系统

图2-7　单户计量双管上供上回式热水采暖系统

1—自动排气阀;2—锁闭阀;3—过滤器;4—热量表;5—泄水丝堵

（2）下供下回式热水采暖系统。如图2-8所示,该系统适用于新建住宅。同层散热器采用同程式连接,即各循环环路长度基本相同,则各环路沿程阻力基本平衡,因此这个系统各循环环路上的散热器基本一样热。如果各循环环路长度相差很大,就容易造成近热远不热的水平失调现象,即环路短的阻力小,分配的流量大,散热多,房间温度高;环路长的阻力大,分配的流量小,散热少,房间温度偏低。供回水干管埋设在地面层内,但由于暗埋在地面层内的管道有接头,一旦漏水,维修复杂。

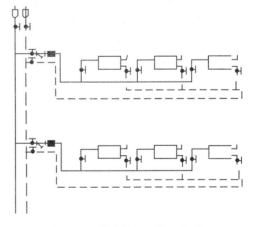

6.水平放射式热水采暖系统

图2-8　单户计量双管下供下回式热水采暖系统

如图2-9所示,该系统适用于新建住宅。供回水干管暗埋于地面层内,暗埋没有接头。但管材用量大,且需设置分水器和集水器。

7.分户计量带跨越管的单管散热器系统

如图2-10所示,该系统适用于新建住宅,干管暗埋于地面层内,系统简单,但需加散热器温控阀。

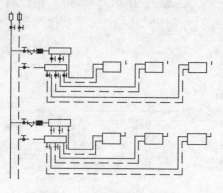

图2-9 单户计量水平放射
式热水采暖系统

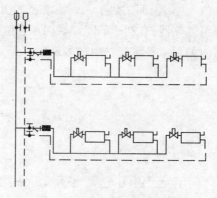

图2-10 单户计量带跨越管的
单管热水采暖系统

三、低温热水地板辐射采暖系统

低温热水地板辐射采暖系统为以不高于60 ℃的热水为热媒,将加热管埋设在地板中的辐射采暖。低温热水辐射采暖因具有节能、卫生、舒适、不占室内面积等特点,近年来在国内发展迅速。低温热水辐射采暖一般指加热管埋设在建筑构件内的采暖形式,有墙壁式、顶棚式和地板式三种。目前我国主要采用的是地板式,称为低温热水地板辐射采暖。低温热水地板辐射采暖的供回水温度差宜小于等于10 ℃,民用建筑的供水温度不应超过60 ℃。

(一)低温热水地板辐射采暖系统地面构造做法

可采用集中供暖分户热计量系统或分户独立热源系统(如家庭燃气挂炉采暖系统),工程中采用塑料管预埋在地面不小于30 mm的混凝土垫层内,如图2-11所示。

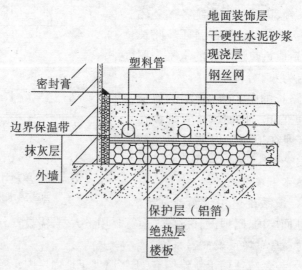

图2-11 低温热水地板辐射采暖的地面构造做法

低温热水地板辐射采暖的加热管及其覆盖层与外墙、楼板结构层间应设绝热层,绝热层的材料宜采用聚苯乙烯泡沫塑料板,楼板上的绝热层厚度不宜小于25 mm,与土壤或室外空气相邻的地板上的绝热层厚度不宜小于40 mm,沿外墙内侧周边的绝热层厚度不应小于20 mm。当采用其他绝热材料时,宜按等效热阻确定其厚度。

填充层的材料应采用C15豆石混凝土,豆石粒径不宜大于12 mm,并宜掺入适量的防裂剂。填充层应设伸缩缝,伸缩缝的间距与宽度由计算确定。伸缩缝的宽度不小于5 mm,加热管穿越伸缩缝时,宜设长度不小于100 mm的柔性套管。

低温热水地板辐射采暖的加热管,可采用聚丁烯(PB)管、交联聚乙烯(PEX)管、无规共聚聚丙烯(PPR)管和交联铝塑复合(XPAP)管。

(二)低温热水地板辐射采暖系统的设置

与前面的单户热计量系统相比,该系统需在户内设置分水器和集水器,如图2-12所示。另外,为防止集中采暖热媒的温度超过低温热水地板辐射采暖的允许温度,可设集中的换热站以保证温度在允许的范围内。

该系统的楼内系统一般通过设置在户内的分水器、集水器与户内埋在地面层内的管路系统连接,每套分、集水器宜接3~5个回路,最多不超过8个,分、集水器的安装立面如图2-13所示。分、集水器宜布置在厨房、卫生间等地方,注意应留有一定的检修空间,且每层安装位置应相同。

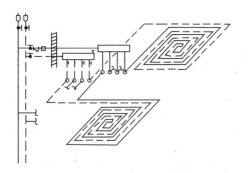

图2-12 低温热水地板辐射采暖系统示意图

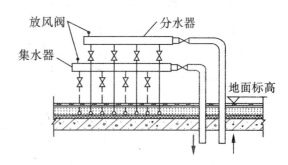

图2-13 分、集水器安装立面图

为了减少流动阻力和保证供、回水温差不致过大,加热盘管均采用并联布置。原则上一个房间为一个环路,大房间一般以房间面积20~30 m²为一个环路。每个环路的盘管长度宜尽量接近,一般为60~80 m,最长不宜超过120 m。

埋地盘管的每个环路宜采用整根管道,中间不宜有接头,防止渗漏。加热管的间距不宜大于300 mm,PB和PEX管转弯不宜小于6倍管外径,其他管材不宜小于5倍管外径,以保证水路通畅。

以上介绍的是工程中比较常见的几种图式。在实际工程中,可根据实际情况,建筑物性质,结合图式本身的特点及适用情况作出较为合理的选择。

任务2　蒸汽采暖系统

【任务介绍】

本任务主要介绍了蒸汽采暖的组成、常用的图式,蒸汽采暖的特点。

【任务目标】

了解蒸汽采暖系统的工作原理,了解蒸汽采暖系统的常用图式。

【任务引入】

通过前面的学习,大家已经熟知了热水采暖系统,热水采暖系统适用于居住类建筑物,对于一个高大的厂房又该如何供暖呢? 相信大家都见过热水烧开了以后会产生蒸汽,那除了热水采暖以外还有没有其他的采暖系统呢?

【任务分析】

日常生活中我们知道,蒸汽烫伤比热水烫伤更严重,这说明蒸汽的温度更高,含的热量也更多,那如果我们用蒸汽来代替热水进行采暖的话会出现什么样的情况呢? 有什么不同之处呢? 蒸汽采暖是怎么工作的呢?

 相关知识

一、蒸汽采暖系统的特点与分类

(一)蒸汽采暖系统的特点

流量大小不同;参数变化不同;热媒温度不同;热媒流速不同;热媒热惰性不同。

(二)蒸汽采暖系统的分类

按照供汽压力的大小,将蒸汽供暖分为三类:供汽的表压力大于 70 kPa 时,称为高压蒸汽采暖;供汽的表压力不大于 70 kPa 时,称为低压蒸汽采暖;当系统中的压力低于大气压力时,称为真空蒸汽采暖。

按照蒸汽干管布置的不同,蒸汽采暖系统可分为上供下回式、中供下回式、下供下回式等。

二、低压蒸汽采暖系统

(一)低压蒸汽采暖系统工作原理

如图 2 - 14 所示,锅炉产生的蒸汽通过干管、立管及散热设备支管进入散热器,在散热器中放出汽化潜热后变成凝结水,凝结水经疏水器沿凝结水管流回凝结水池,再由凝结水泵将凝结水送回锅炉重新加热。

为了便于凝结水快速地流回凝结水箱,凝结水箱应设在低处,凝结水管应设置相应坡度。同时,凝结水箱的位置应高于水泵,这是为了保证凝结水泵正常工作,避免水泵吸入口处压力过低使凝结水汽化。

为了防止水泵突然停止工作,水从锅炉倒流入凝结水箱,在锅炉和凝结水泵间应设止回阀。要使蒸汽采暖系统正常工作,必须将系统内的空气及凝结水及时地排出,还要阻止蒸汽进入凝结水管道,这就需要设置疏水器,它的主要作用是阻汽疏水。蒸汽在输送过程中,也会逐渐冷却而产生部分凝结水,为将它顺利排出,蒸汽干管应设置沿流向下降的坡度。凡蒸汽管路抬头处,应设置相应的疏水装置,及时排除凝结水。

根据系统需要,在系统的回水管上均应设置疏水器,但为了减少设备投资,在设计中多是在每根凝结水立管下部装一个疏水器,以代替每个凝结水支管上的疏水器。这样可保证凝结水干管中无蒸汽流入,但凝结水立管中会有蒸汽,效果不是很好。

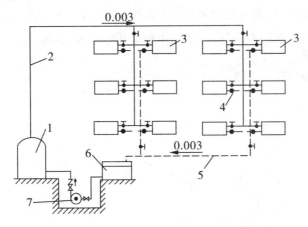

图 2 - 14 低压蒸汽采暖系统

1—蒸汽锅炉;2—蒸汽管道;3—散热器;4—疏水器;5—凝结水管;6—凝结水箱;7 凝结水泵

当系统调节不良时,空气会被堵在某些蒸汽压力过低的散热器内,这样蒸汽就不能充满整个散热器而影响散热,所以在实际蒸汽采暖系统中每个散热器上都设有排气阀,随时排净散热器内的空气,保证散热效果。

(二)低压蒸汽采暖系统图式

1. 双管上分式蒸汽采暖系统

双管上分式蒸汽采暖系统如图 2 - 15 所示,蒸汽管与凝结水管完全分开,每组散热器可以单独调节。蒸汽干管设在系统的上部,通过蒸汽立管向下送汽,回水干管设置在系统的下部,疏水器可以每组散热器或每个环路设 1 个。在系统中,疏水器数量多效果好,是节约能源的一个措施,但是投资、维修工作量也大。双管上分式系统在蒸汽采暖中是最多见的一种形式,适合对美观不要求最好有地下室的建筑物。采暖效果好,但费钢材,施工麻烦。

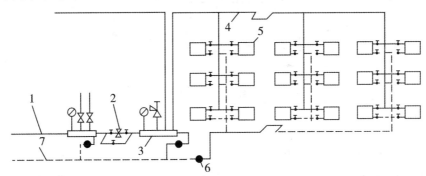

图 2 - 15 双管上分式蒸汽采暖系统

1—室外蒸汽管;2—减压阀;3—分汽缸;4—蒸汽管道;5—散热器;6—疏水器;7—回水干管

2. 双管下分式蒸汽采暖系统

如图 2 - 16 所示是双管下分式蒸汽采暖系统,这种布置形式适合于受条件限制,不能在上部设置蒸汽干管的情况。它与上分式系统不同的是蒸汽干管布置在所有散热器之下,蒸汽通过立管由下向上送入散热器。在系统运行过程中,蒸汽沿着立管向上输送时,沿途产生的凝结水在重力作用向下流动,与蒸汽流动的方向正好相反。由于蒸汽的运动速度较大,会携带许多水滴向上运动,在弯头、阀门等部件处,会产生震动和噪声,这就是常说的水击现象。

3.双管中供式蒸汽采暖系统

双管中供式系统如图2-17所示。适用于多层建筑的采暖系统在顶层不能敷设干管的情况。

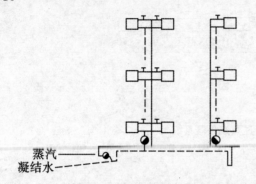

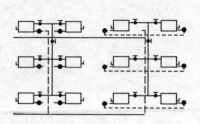

图2-16 双管下分式蒸汽采暖系统   图2-17 双管中供式蒸汽采暖系统

4.单管上分式蒸汽采暖系统

如图2-18所示,单管上分式系统由于立管中汽和水同向流动,运行时不会产生水击现象,该系统适用于多层建筑,可节约钢材。

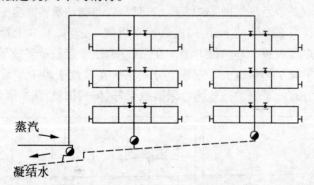

图2-18 单管上分式蒸汽采暖系统

三、高压蒸汽采暖系统

如图2-19所示高压蒸汽采暖系统由蒸汽锅炉、蒸汽管道、减压阀、散热器、凝结水管道、疏水器、凝结水池和凝结水泵等组成。

由于高压蒸汽的压力和温度都较高,因此在热负荷相同的情况下,高压蒸汽采暖系统的管径和散热器片数都会少于低压蒸汽采暖系统。这就说明了高压蒸汽供暖有较好的经济性,同样高压蒸汽采暖系统也具有卫生条件差、容易烫伤人等缺点。一般这种系统只在工业厂房应用。

在工业的锅炉房,往往既供应生产工艺用汽,同时也提供高压蒸汽采暖系统所需要的蒸汽。由于这种锅炉房送出的蒸汽压力常常很高,需要将蒸汽送入蒸汽采暖系统之前,用减压装置将蒸汽压力降至所需求的压力。一般情况下,高压蒸汽供暖系统的蒸汽压力不超过300 kPa。

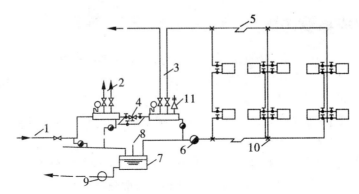

图2-19 室内高压蒸汽采暖系统示意图

1—室外蒸汽干管;2,3—室内高压蒸汽供暖管;4—减压装置;5—补偿器;6—疏水器;
7—开式凝水箱;8—空气管;9—凝水泵;10—固定支点;11—安全阀

和低压蒸汽采暖一样,高压蒸汽采暖系统也有上分式、下分式和单管、双管系统之分。但是为了避免高压蒸汽和凝结水在立管中反向流动所发出的噪声,高压蒸汽采暖多采用双管上分式系统。

高压蒸汽采暖系统在启动和停止运行时,管道温度的变化要比热水采暖系统和低压蒸汽采暖系统都大,应充分注意管道的伸缩问题。另外,由于高压蒸汽供暖系统的凝结水温度很高,在它通过疏水器减压后,会重新汽化从而产生二次蒸汽。也就是说在高压蒸汽系统的凝水管中输送的是凝结水和二次蒸汽的混合物。在有条件的地方,要尽可能将二次蒸汽送到附近低压蒸汽供暖系统或热水供应系统中加以利用。

任务3 散 热 器

【任务介绍】

本任务主要介绍散热器的类型、材质、散热器的布置敷设要求以及表示方法等内容。

【任务目标】

熟悉工程中常见的散热器,熟悉散热器布置的一般要求,掌握散热器在施工图中的表示方法。

【任务引入】

冬季室外温度太低,大家回到家都要取暖,那我们常见的散热设备都有哪些呢? 这些散热设备在选择和使用方面又有哪些要求呢?

【任务分析】

散热器俗称暖气片,是常用的散热设备,通过散热设备把采暖系统输送的热量传递到采暖房间。工程中有各种各样的散热器,不同的散热器有不同的特点,不同的特点决定了散热器不同的适用情况,下面介绍常用的散热器。

相关知识

热媒是通过散热器把热源的热量传递给采暖房间,散热器把热媒的热量以传导、对流、辐射的方式传给室内空气,用来补偿建筑物的热量损失,从而使室内的得失热量达到平衡,维持房间一定的空气温度,达到采暖的目的。

对散热器的要求是:传热性能好;耗用金属少,成本低;同时具有一定的机械强度和承压能力;卫生条件好;占用面积少,外形美观。

散热器按材质可分为铸铁、钢制、铝制、铜质散热器;按结构形式分为柱型、翼型、管型、板式、排管式散热器等;按其对流方式分为对流型和辐射型散热器。

一、铸铁散热器

铸铁散热器具有结构简单、防腐性好、使用寿命长、适用于各种水质、造价低、热稳定性好等优点,广泛应用于蒸汽和热水采暖系统中。

铸铁散热器有柱型、翼型和复合翼型。

(一)柱型散热器

柱型散热器是呈柱状的中空立柱单片散热器,主要有二柱、三柱、四柱、五柱、六柱等类型,如图2-20所示。根据散热面积的需要,柱型铸铁散热器可以进行组装。

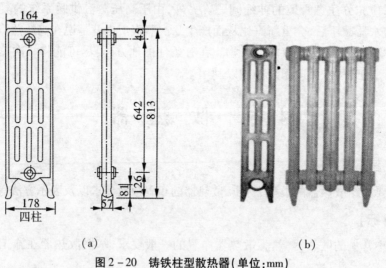

(a) (b)

图2-20 铸铁柱型散热器(单位:mm)

(a)四柱813型;(b)三柱

(二)翼型散热器

翼型散热器有圆翼型(见图2-21)、长翼型(见图2-22)和柱翼型(见图2-23)三种。圆翼型散热器是一根内径75 mm或100 mm的管子外面带有许多圆形肋片,管子两端配置法兰。长翼型散热器的外表面具有许多竖向肋片。

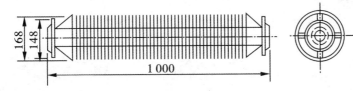

图 2-21 圆翼型散热器(单位:mm)

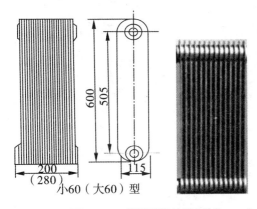

小60(大60)型

图 2-22 长翼型散热器(单位:mm)

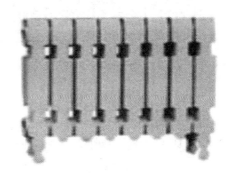

图 2-23 柱翼型散热

铸铁翼型散热器,它的承压能力低,表面易积灰,难清扫,外形不美观,由于每片的散热面积大,在设计时有难度。但其散热面积大,加工制作较容易,造价低,可用于积灰不多的工业建筑。

二、钢制散热器

与铸铁散热器相比,钢制散热器耐压能力强,外观美观整洁,耗用金属量少,便于布置,但由于耐腐蚀性差,使用寿命比铸铁散热器短。钢制散热器主要有排管散热器、钢串片散热器、扁管散热器、装饰型散热器等。

(一)排管散热器

如图 2-24 所示,该散热器由钢管焊接而成,也叫光面管式,有 A 型(蒸汽)和 B 型(热水)两种。排管散热器型号的表示方法:D108—2000—4,表示排管直径为 108 mm,长度为 2 000 mm,4 排。排管散热器为使热水依次流经每根排管,为防止短路,排管之间的相邻两根短管有一根不通,只起支撑作用。

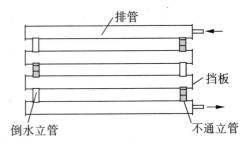

图 2-24 排管散热器

排管散热器传热系数大、表面光滑不易积灰、便于清扫、承压能力强、可现场制作并能随意组成所需的散热面积。可用于粉尘较多的车间。

(二)钢串片散热器

闭式钢串片散热器是指用联箱连通两根平行管,并在钢管外面串上许多弯边长方形肋片而成的,如图 2-25 所示。钢串片散热器具有体积小、质量轻、承压能力强等特点,但使用时间较长时会出现串片与钢管的连接不紧或松动、接触不良,会大大影响散热器的传热效果。因此长期使用时要特别注意检查串片与钢管的接触情况。

（三）扁管散热器

扁管散热器是指用薄钢板制的长方形钢管叠加在一起焊成,可适用于各种热媒,如图2-26所示。

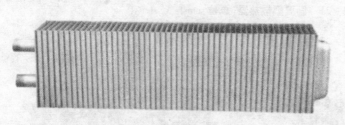

图2-25　闭式钢串片散热器

图2-26　扁管散热器

（四）装饰型散热器

随着人们生活水平越来越高,近几年,钢质散热器不断发展,其中以装饰型散热器发展尤为突出,出现了更多造型别致、色彩鲜艳、美观的散热器,如图2-27所示。

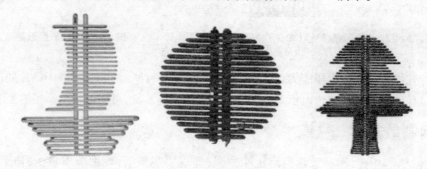

图2-27　装饰型散热器

三、其他散热器

（一）铝合金散热器

铝合金散热器,如图2-28所示。它是一种高效散热器,其造型美观大方,线条流畅,占地面积小,富有装饰性;其质量约为铸铁散热器的1/10,便于运输安装;其金属热强度高,约为铸铁散热器的6倍;节省能源,采用内防腐处理技术。

图2-28　铝合金散热器

图2-29　全铜散热器

（二）全铜散热器

如图 2-29 所示,全铜散热器是一种新兴散热器,具有以下特点:寿命长、耐腐蚀、适于任何水质热媒;传热系数高,仅次于金、银,属于高效节能产品;不污染水质,环保,适用于分户计量系统;机械强度高,承压能力强,适用于高层建筑物。

（三）不锈钢散热器

如图 2-30 所示,不锈钢散热器具有以下特点:导入美学设计理念,结构及外观融入时尚之中;自动化制造设备,高精度,高品质焊接工艺;不锈钢有良好的防腐性、抗氧化特性,且金属密度高,耐冲刷,实现本体防腐;可适用任何水质,且无需满水保养;强度高、承压能力强,可达 1.8~2.0 MPa;采用热对流 + 辐射,及大流量柱管,热工性能好。

图 2-30 不锈钢散热器

四、散热器的布置及在施工图中的表示方法

（一）布置原则

力求使室温均匀,室外渗入的冷空气能较迅速地被加热,保证室内温度适宜,尽量少占用室内有效空间和使用面积。

（二）布置位置

散热器一般布置在房间外墙一侧,有外窗时应装在窗台下,这样可直接加热由窗缝渗入的冷空气,还可阻止沿外墙下降的冷气流,避免外墙、外窗形成的冷辐射和冷空气侵袭人体,使室温趋于均匀。

采暖散热器在平面图上一般用窄长的小长方形表示,无论有几片组成,每组散热器一般要画成同样大小;系统图上用一个矩形表示,同时将规格或数量标注在矩形中。如图 2-31所示。

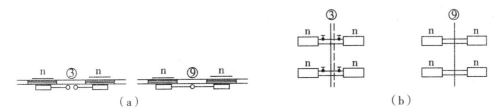

图 2-31 散热器在施工图中的画法
（a）平面图中的画法;（b）系统图中的画法
n—散热器的规格、数量;③⑨—立管编号

任务4 采暖管道与附件

【任务介绍】

本任务介绍采暖系统中常用的管材、连接方式、采暖系统的附件等内容。

【任务目标】

掌握工程中常用采暖管道及连接要求,熟悉热水采暖系统常用采暖附件及其作用,熟悉常用采暖附件的图例。

【任务引入】

大家所在的教学楼里能够看到各种给排水管道,如 PPR 管、UPVC 管、镀锌钢管、铸铁管等,那么采暖管道都有哪些管材呢? 它们和给排水管道在布置上又有哪些不同?

【任务分析】

采暖管道需要输送热水或者热蒸汽,因此需要采用耐温耐压的管材。任何物质都存在热胀冷缩现象,为了保证只有冬季才使用的采暖系统的正常运行,我们又该采用哪些采暖附件呢? 看来我们有必要了解采暖管材和采暖附件。

 相关知识

一、采暖管道

(一)采暖管材与连接

采暖系统的管材有以下几种:

(1)焊接钢管:常用于输送低压流体,实际工程中一般采用镀锌钢管。焊接钢管使用条件:压力≤1 MPa,输送介质的温度≤130 ℃。当 $DN \leq 32$ 时,用丝接方式连接;当 $DN \geq 40$ 时,用焊接方式连接。

(2)无缝钢管:无缝钢管主要用于系统需承受较高压力的室内采暖系统,焊接连接。

(3)塑料管:交联铝塑复合管(XPAP)、聚丁烯管(PB)、交联聚乙烯管(PEX)、无规共聚聚丙烯管(PPR)多用于低温热水地板辐射采暖系统。

(二)采暖管道的布置敷设一般要求

室内采暖系统的种类和形式应根据建筑物的使用特点和设计要求来确定,一般是在选定了系统的种类(热水还是蒸汽系统)和形式(上供还是下供,单管还是双管,同程还是异程)等因素后进行系统的管网布置。

采暖系统的引入口一般宜在建筑物中部。系统应合理地设若干支路,而且尽量使各支路的阻力易于平衡。

布置采暖管网时,管路应沿墙、梁、柱平行敷设,力求布置合理,同时应节省管材,便于调节和排除空气,而且要求各并联环路的阻力损失易于平衡。布置系统时力求管道最短,便于管理,并且不影响房间的美观。供暖管道的安装方法,有明装和暗装两种。采用明装还是暗装,要依建筑物的要求而定,一般民用建筑、公共建筑以及工业厂房都采用明装;装饰要求较高的建筑物,采用暗装。

二、采暖附件

(一)排气装置

排气装置的组成有以下三个部分。

1. 自动排气阀

自动排气阀安装方便,体积小巧,在热水供暖系统中被广泛采用。目前国内生产的自动排气阀,大多采用浮球启闭机构,当阀内充满水时,浮球升起,排气口自动关闭;阀内空气量增加时,水位降低,浮球依靠自重下垂,排气口打开排气。如图2-32所示为自动排气阀,自动排气阀常会因水中污物堵塞而失灵,需要拆下清洗或更换。因此,排气阀前装一个截止阀、闸阀或球阀,此阀门常年开启,只在排气阀失灵,需检修时临时关闭。

图2-32　自动排气阀

2. 冷风阀

冷风阀也称为手动跑风门,用于散热器或分集水器排除积存空气,适用于工作压力不大于0.6 MPa,温度不超过130 ℃的热水及蒸汽采暖散热器或管道上。

手动跑风门多为铜制,用于热水供暖系统时,应装在散热器上部丝堵上;用于低压蒸汽系统时,则应装在散热器下部1/3的位置上。

3. 集气罐

集气罐是用直径100~200 mm的钢管焊制而成,分为立式和卧式两种,如图2-33所示。集气罐顶部连接直径DN15的排气管,排气管应引到附近的排水设施处。

集气罐一般设于系统供水干管末端的最高点处,供水干管应向集气罐方向设上升坡度,以使管中水流方向与空气气泡的浮升方向一致,有利于空气汇集到集气罐的上部,定期排除。当系统充水时,应打开集气罐上的排气阀,直至有水从管中流出,方可关闭排气阀。系统运行期间,应定期打开排气阀排除空气。

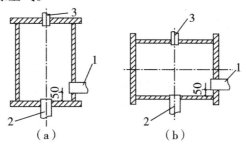

图2-33　集气罐
（a）立式；（b）卧式
1—进水口；2—出水口；3—排气管

（二）膨胀水箱

1. 膨胀水箱的作用

膨胀水箱的作用是容纳水受热膨胀而增加的体积。在自然循环上供下回式热水供暖系统中,膨胀水箱连接在供水总立管的最高处,具有排除系统内空气的作用;在机械循环热水供暖系统中,膨胀水箱连接在回水干管循环水泵入口前,可以恒定循环水泵入口压力,保证供暖系统压力稳定,避免水泵入口处出现汽化现象。

膨胀水箱有圆形和矩形两种形式,一般是由薄钢板焊接而成。

2. 膨胀水箱的配管

膨胀水箱上接有膨胀管、循环管、信号管(检查管)、溢流管和排水管。

(1)膨胀管:膨胀水箱设在系统的最高处,系统的膨胀水量通过膨胀管进入膨胀水箱。自然循环系统膨胀管接在供水总立管的上部;机械循环系统膨胀管接在回水干管循环水泵入口前,如图2-34所示。膨胀管上不允许设置阀门,以免偶然关断使系统内压力增高,以致发生事故。

(2)循环管:当膨胀水箱设在不供暖的房间内时,为了防止水箱内的水冻结,膨胀水箱需设置循环管。机械循环系统循环管接至定压点前的水平回水干管上,如图2-34所示。连接点与定压点之间应保持1.5~3 m的距离。使热水能缓慢地在循环管、膨胀管和水箱之间流动。自然循环系统,循环管接到供水干管上,与膨胀管也应有一段距离,以维持水的缓慢流动。

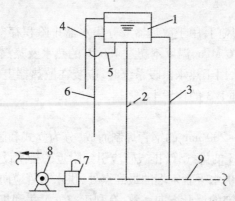

图2-34 膨胀水箱与采暖系统连接示意图
1—膨胀水箱;2—膨胀管;3—循环管;4—溢流管;5—排污管;6—信号管;7—除污器;8—水泵;9—回水管

循环管上也不允许设置阀门,以免水箱内的水冻结。如果膨胀水箱设在非供暖房间,水箱及膨胀管、循环管、信号管均应保温。

(3)溢流管:控制系统的最高水位。当水的膨胀体积超过溢流管口时,水溢出就近排入排水设施中。溢流管上也不允许设置阀门,以免偶然关断,水从入孔处溢出。溢流管也可用来排空气。

(4)信号管(检查管):检查膨胀水箱水位,决定系统是否需要补水。信号管控制系统的最低水位,应接至锅炉房内或人们容易观察的地方,信号管末端应设置阀门。

(5)排污管:清洗、检修时放空水箱用。可与溢流管一起就近接入排水设施中,其上应安装阀门。

(三)过滤器(除污器)

如图2-35所示为Y型过滤器,是除污器的一种,该除污器体积小、阻力小、滤孔细密、清洗方便,一般不需装设旁通管,其原理是过滤。清洗时关闭前后阀门,打开排污盖,取出滤网即可,清洗干净原样装回,通常只需几分钟。为了排污和清洗方便,Y型过滤器的排污盖一般应朝下方或45°斜下方安装,并留有抽出滤网的空间。安装时应注意介质流向,不可装反。以防造成管路堵塞,一般安装在用户入口的供水管道上或循环水泵之前的回水总管上,

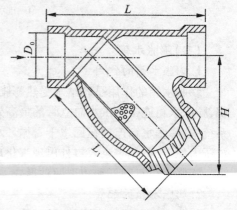

图2-35 Y型过滤器

并设有旁通管道,以便定期清洗检修。

除污器的作用是阻留管网中的污物,除污器为圆筒形钢制筒体,有卧式和立式两种。一般除污的工作原理是:水由进水管进入除污器内,水流速度突然减小,使水中污物沉降到筒底,较清洁的水由带有大量小孔(起过滤作用)的出水管流出。

(四)补偿器

在采暖系统中,金属管道会因受热而伸长。每米钢管本身的温度每升高1℃时,便会伸长0.012 mm。当平直管道的两端都被固定不能自由伸长时,管道就会因伸长而弯曲;当伸长量很大时,管道的管件就有可能因弯曲而破裂。因此需要在管道上补偿管道的热伸长,同时还可以补偿因冷却而缩短的长度,使管道不致因热胀冷缩而遭到破坏。常用补偿器有以下几种:

1.L形和Z形补偿器

自然补偿器是利用管道自然转弯和扭转处的金属弹性,使管道具有伸缩的余地,如图2-36(a)(b)所示。进行管道布置时,应尽量考虑利用管道自然转弯做补偿器,当自然补偿不能满足要求时可采用其他专用补偿器。

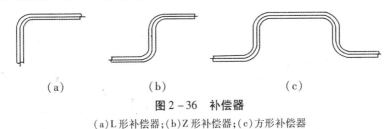

图2-36　补偿器
(a)L形补偿器;(b)Z形补偿器;(c)方形补偿器

2.方形补偿器

如图2-36(c)所示。它是在直管道上专门增加的弯曲管道,管径小于或等于40 mm时用焊接钢管,直径大于40 mm时用无缝钢管弯制。方形伸缩器具有构造简单,制作方便,补偿能力大,严密性好,不需要经常维修等优点,但占地面积大,管径大不易弯制。

工程中还有套筒补偿器、波形补偿器、球形补偿器等。

为使管道产生的伸长量能合理地分配给补偿器,使之不偏离允许的位置,在补偿器之间应设固定卡。

(五)热量表

热量表是用于测量及显示热载体为水流过热交换系统所释放或吸收热量的仪表,如图2-37所示。它由流量传感器、一对温度传感器和计算仪组成。热量表分为楼栋热量表和户用热量表。户用热量表的流量传感器宜安装在供水管上。热量表前应设过滤器。

(六)散热器温控阀

散热器温控阀是一种自动控制进入散热器热媒流量的设备,它由阀体部分和温控元件控制部分组成。如图2-38所示为散热器温控阀的外形图。

当室内温度高于设定温度时,感温元件受热,其顶杆压缩阀杆,将阀门口调小,从而控制进入散热器的水流量减小,随之散热器的散热量也会减小,室内温度下降。当室温下降到设置的低限值时,感温元件开始收缩,阀杆靠弹簧的作用抬起,阀孔增大,水流量增大,散热器散热量也随之增加,室内温度开始升高。温控阀的控温范围在13~28℃,控温误差为±1℃。散热器温控阀具有恒定室温、节约热能等优点,但其阻力较大。

图2-37　热量表

图2-38　散热器温控阀

(七)平衡阀

平衡阀是在水力工况下起到动态、静态平衡调节的阀门、包括静态平衡阀和动态平衡阀。

静态平衡阀是通过改变阀芯与阀座的间隙,来改变流经阀门的流动阻力以达到调节流量的目的,有精确的开度指示;有开度锁定功能,非工作人员不能随意改变开度;阀体上有两个测压孔,测压装置与其连接可测出阀门前后的压差,并进而计算流量;既可安装在供水管上,也可安装在回水管上。根据流体力学原理,在管路上阻力不改变的情况下,系统总流量变化时各管段及各用户的流量成比例变化。即根据热负荷的大小,调节系统总流量,使用户的流量成比例的增大或减小,也就是各用户得到相应的调节。

动态平衡阀是根据系统工况变动而自动变化阻力系数,在一定的压差范围内,有效地控制通过的流量保持一个常值,即当阀门前后的压差增大时,通过阀门的自动关小的动作能够保持流量不增大;反之,当压差减小时,阀门自动开大,流量仍保持恒定。

技能实训　认识采暖常用的各种管材和附件

参观实训工场的室内采暖系统常用的管材、附件,进一步掌握各种管材和附件。

(1)目的:通过参观,认识室内采暖系统常用管材、附件。

(2)能力及标准要求:通过此训练,学生对室内采暖常用管材和附件有了直观认识,并了解了各附件的作用。

(3)准备:每15~20人为一组,每组一套采暖管材、附件等。

(4)步骤:根据现场分组情况,到指定的管材、附件堆放地点,熟悉其外观及特点。

(5)注意事项:认真细心了解各附件;注意安全,避免伤人,保护成品。

(6)讨论:各管材的外观有什么区别? 各附件的构造及作用有什么不同?

任务5　建筑采暖工程施工图的识读

【任务介绍】

本任务介绍采暖施工图的组成、识图方法等内容。

【任务目标】

掌握建筑采暖工程施工图的组成及表示方法,能看懂建筑采暖施工图,能统计散热器,能根据施工图进行用料计算(以实际工程中的散热器热水采暖系统施工图和低温热水地板辐射采暖系统施工图为例,介绍建筑采暖施工图的组成和表示方法。通过统计散热器系统中的散热器、统计某系统所需材料进一步掌握建筑采暖施工图)。

【任务引入】

建筑采暖工程安装的依据是建筑采暖工程施工图,建筑采暖施工图由哪些部分组成? 施工图又是如何表达? 我们在实际工程中如何看懂施工图,把设计人员的意图贯穿到实际工程施工中呢?

【任务分析】

施工图是施工的依据和法律文件,设计人员通过施工图把设计意图表达出来,施工人员通过看懂施工图把图纸上表达的内容贯穿到实际工程中。那么作为施工人员,就必须掌握施工图的内容和表达方法,能看懂实际工程的施工图。

 相关知识

采暖施工图中,采暖管道是主要表达的对象,这些管道的截面形状变化小,一般细而长,分布范围广,纵横交错,管道多用粗单线条表示。在采暖施工图中,与本专业有关的设备轮廓用中粗线表示,其余均用细线表示。采暖施工图应遵守《房屋建筑制图统一标准》(GB/T 50001—2001)《暖通空调制图标准》(GB/T 50114—2001)及国家现行的有关强制性标准的规定。采暖施工图中的管道及附件、管道连接、阀门、采暖设备及仪表等,采用统一的图例表示。如表2—1所示摘录了《暖通空调制图标准》中的部分图例,凡在标准图例中未列入的可自设,但在图纸上应专门画出图例,并加以说明。在识读采暖施工图时,应先了解图纸中的有关图例及表现内容。

表2—1 室内采暖施工图常用图例

符号	名称	说明	符号	名称	说明
	供水(汽)管			疏水器	也可用
	回(凝结)水管			自动排气阀	
	绝热管			集气罐、排气装置	
	套管补偿器			固定支架	右为多管
	方形补偿器			丝堵	也可表示为
	波纹管补偿器		$i=0.003$ 或 $i=0.003$	坡度及坡向	
	弧形补偿器		或	温度计	左为圆盘式温度计;右为管式温度计

续表

符号	名称	说明	符号	名称	说明
	止回阀	左图为通用;右图为升降式止回阀		压力表	
	截止阀			水泵	流向:自三角形底边至顶点
	闸阀			活接头	
15　15	散热器手动放气阀	左为平面图画法;右为系统图画法		可曲挠接头	
15　15	散热器及控制阀	左为平面图画法;右为系统图画法		除污器	左为立式除污器,中为卧式除污器,右为Y型过滤器

一、建筑采暖工程施工图的组成

采暖施工图由文字部分和图示部分组成。

(一)文字部分

文字部分包括设计说明、图例、图纸目录、主要设备材料明细表等。

无法用图或符号表达清楚的问题,或用文字能更简单明了说明的问题,用文字加以说明就组成了设计说明。主要内容有:建筑物的采暖面积;采暖系统的热源种类、热媒参数、系统总的热负荷;采暖系统的形式,进出口压力差;各房间的设计温度;散热器型式及安装方式;管材种类及连接方式;管道防腐、保温的做法;所采用标准图号及名称;施工注意事项;施工验收应达到的质量要求;系统试运行的要求等。此外,还应说明需要设计、施工过程中应执行的有关技术规范、规程等。

图例:在绘图过程中宜按照制图标准绘制,对于标准中没有的图例允许设计人员自行设计,为准确识图,设计人员应把本套图纸所用图例以表格形式列出来,这就组成了图例部分。

图纸目录:包括设计人员绘制部分和所选用的标准图部分。

主要设备材料明细表:为了使施工准备的材料和设备符合图纸要求,并且便于备料,设计人员应编制一个主要设备材料明细表。它包括序号、名称、型号规格、单位、数量、备注等项目,施工图中涉及的采暖设备、采暖管道及附件等均列入表中。一般中小型工程的文字部分直接写在图纸上,工程较大、内容较多时另附专页编写,并放在一套图纸的首页。

(二)图示部分

1. 平面图

平面图所表达的主要内容有:与采暖有关的建筑物轮廓,包括建筑物墙体,主要的轴线及轴线编号,尺寸线等;采暖系统主要设备(集气罐、膨胀水箱、补偿器等)的平面位置;干管、立管、支管的位置和立管编号;散热器的位置、片数;热力入口位置和编号等。

由于各层的管道和设备布置情况不同,平面图应分层表示。如果楼层的采暖设备、采暖管道布置完全相同,可只画一个平面图,该平面图称为标准层平面图。一般情况下,应绘制底层平面图、标准层平面图、顶层平面图。图2-41至图2-43是某三层办公楼采暖平面图。

2. 系统图

系统图也称轴测图，一般宜按45°正面斜轴测图的方式绘制。表示的内容有：采暖管道、附件及散热器的空间位置及空间走向；管道与管道之间连接方式，立管编号，各管道的管径和坡度；散热器与管道的连接方式，散热器的片数；供回水干管的标高，膨胀水箱、集气罐（或自动排气阀）、疏水器，减压阀等设置位置和标高等。

系统图上各立管的编号应和平面图上一一对应，散热器的片数也应与平面图完全对应。系统图的比例可与平面图相同，也可不严格按比例绘制，如图2-44所示。

3. 详图

某些设备的构造或管道间的连接情况在平面图和系统图上表达不清楚，也无法用文字说明时，可以将这些部位局部放大比例，画出详图。详图包括节点详图和标准图。

标准图是具有通用性质的详图，一般由国家和有关部委出版标准图集，作为国家标准或部门标准颁发。标准图主要有散热器的连接，膨胀水箱制作与安装，补偿器和疏水器等的安装详图等。节点详图是设计人员自行绘制的。例如，系统热力入口处管道的连接复杂，设备种类较多，用系统图、平面图表达不清楚，可把这些部位局部比例放大，画成节点详图，使人看上去清楚明了。

详图常用比例为1:20~1:10，图要画得详细，各部位尺寸要准确。

二、图示部分的表示方法

采暖施工图应当以表达的采暖系统为主，房屋建筑的表达则处于次要的地位，在图中只要表达出两者之间的相对关系即可。因此，在绘制采暖施工图的平面图时，房屋建筑的轮廓都要用细线画出；而采暖设备、管道等则应采用较粗的线型，这样就可突出采暖系统从而利于阅读。

此外，在采暖施工图中，不同种类、不同管径的管道很多，当较多的管道重叠、交叉时，在各视图中往往不易清楚辨认。在看图时要把错综复杂的管道系统及时得出一个总的概貌，也较困难，这样仅用平面图表达是不够的。因此，采暖施工图中还需要增加用轴测投影方法绘制的系统轴测图，简称系统图。《暖通空调制图标准》规定，采暖施工图中系统图一般采用45°正面斜轴测投影。系统图不但补充了平面图中表达不足之处，而且可以使读者迅速获得整个工程总的印象。

（一）平面图的表示方法

采暖平面图是施工图的主要部分，常用比例是1:100，1:200，一般采用与建筑平面图相同的比例。

采暖平面图的建筑部分不用于土建施工，而是作为采暖管道及采暖设备的布置和定位的基准，因此只用细实线画出房屋的墙、柱、门窗等的轮廓及定位轴线，尺寸线只抄绘两道尺寸线。为了看图方便，平面图上应标注出各层地面的标高。

多层建筑的采暖平面图应分层绘制，一般底层和顶层平面图应单独绘制，如中间各层采暖管道和散热器布置相同，可仅画出标准层（楼层的采暖设备、采暖管道布置如果完全相同，可只画一个平面图，该平面图称为标准层平面图）。各层采暖平面图是在各层管道系统之上水平剖切后，向下水平投影的投影图，这与建筑平面图的剖切位置不同。

采暖平面图中，管道均采用粗线表示，一般情况下，供水（汽）管道、支管用粗实线表示，回水管道或凝结水管道用粗虚线表示。管材及连接方法在施工说明中用文字说明，在平面图中不予表示。

平面图按投影关系表示了管道和设备的平面布置，但管道的空间走向及管道与散热器的连接方式，都必须用系统图表示。平面图要求表达出房屋内部各房间的分布和过道、门窗、楼梯位置等情况，以及供暖系统在水平方向的布置情况。它把供暖系统的供、回水干管、立管、支管和散热器以及其他附属设备等，在水平方向的连接和布置都表达出来。

应当指出，这种平面布置图，对于管道和散热器的位置，不能精确表达。因为管线之间、管线与设备之间靠得很近，精确表达反而无法识别，此时往往采用一些夸张的画法表达清楚。具体的定位，将由安装详图表达并按图施工；对一些普遍性要求，则在施工说明中作出相应的规定。对于房屋建筑，要标注出定位轴线的距离、外墙总长度、地面和楼板标高等。对于管道系统要标注出各管段的管径，在立管的附近标注立管的编号，在散热器旁注出散热器的片数或长度。管道和散热器的定位尺寸，通常在安装详图中说明，平面图就不再标注。散热器在平面图上的画法如图 2-31(a) 所示。

采暖立管无论管径多大，均画成同样大小的小圆圈，然后按照顺序编号。如图 2-31(a) 所示中的③、⑨等，我们把这样的数字称为立管编号。

注意：平面图中，管道用粗线（粗实线、粗虚线）表示；采暖设备及附件用中粗线表示，如散热器；其余均用细线表示，如采暖地沟的位置等。

(二) 系统图的表示方法

系统图一般采用与平面图相同的比例，这样在绘图时按轴向量取长度较为方便，但有时为了避免管道的重叠，可不用严格按比例绘制，适当将管道伸长或缩短，以达到可以看清楚的目的。

管道线型与平面图一样，供水(汽)管道用粗实线表示，回水管道或凝结水管道用粗虚线表示，当空间交叉的管道在图中相交时，在相交处将被遮挡的管线断开。

系统图中管径、标高、立管的标注等，与平面图相同；散热器规格、数量的标注与平面图有所不同，如图 2-31(b) 所示。系统图中的设备、管路往往重叠在一起，为表达清楚，在重叠、密集处可断开引出绘制。有管道断开处用相同的小写英文字母或阿拉伯数字注明，以便相互查找，如图 2-39 所示。

采暖系统图中，散热器用中实线按其立面图图例绘制，画法如图 2-31(b) 所示。如需表示管道与建筑的关系，在系统图上可以画出管道穿外墙、地面、楼板等处的位置。

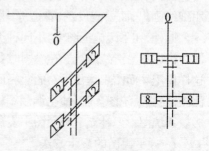

图 2-39 系统图中的引出画法

系统图上应表示出各管段的管径，如各组立管、支管管径相同，也可用文字说明。横管需标注坡度、坡向。在立管的上方标注立管的编号，热力入口处标注系统编号(如多于一个热力入口时)，编号应与平面图上的编号相对应。如在图上绘有楼地面线，还应注出楼地面标高。

系统图上还应表示出集气罐、自动排气阀、疏水器等的位置和规格及与管道的连接情况，管道上的阀门、伸缩器、固定支架的位置。

三、建筑采暖工程施工图的识读

(一) 散热器热水采暖工程施工图的识读

图 2-40 至图 2-44 是某三层办公楼施工图，下面以这套图为例介绍建筑采暖施工图的识读方法。

1. 读懂设计说明，了解工程概况

从图 2-40 可以看出，该工程是某办公楼单体采暖设计，建筑面积 710 m²，建筑高度为 12.155 m，采暖系统采用室外管网提供热源，低温热水水温 95 ℃/70 ℃，系统采用上供上回双管顺流同程式。

2. 通过平面图对建筑物平面布置进行了解

本办公楼共三层，共设有两个出入口，设有走廊，在轴线②处设有楼梯，一层为库房，二、三层为办公室，建筑物长度为 22.27 m，宽度为 7.80 m，建筑物的方向是南北朝向。

3. 结合平面图和系统图，了解采暖情况

从图 2-41 可以看到该系统的热力入口设置在轴线①和轴线②之间热计量小室内。供水干管沿一层天花板敷设。从图 2-44 可以看出供回水干管标高为 2.75 m，管道坡度为 0.003，根据管道长度可以计算出各管道转弯点的标高。供水干管由热计量小室进入，由南向北沿墙敷设，绕行楼梯间进入库房由西向东敷设，最后沿走廊由东向西进入最西面的库房，回水干管同向敷设。

图 2-40　设计说明、图纸目录和图例

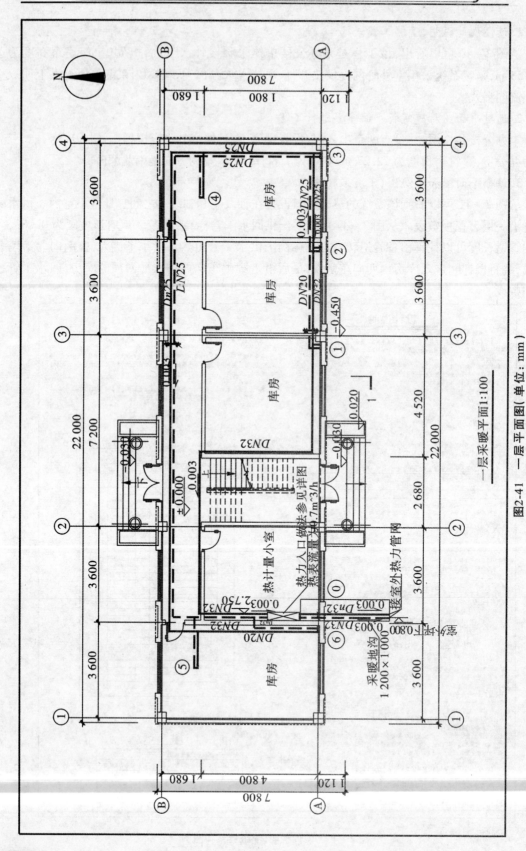

图2-41 一层平面图(单位:mm)

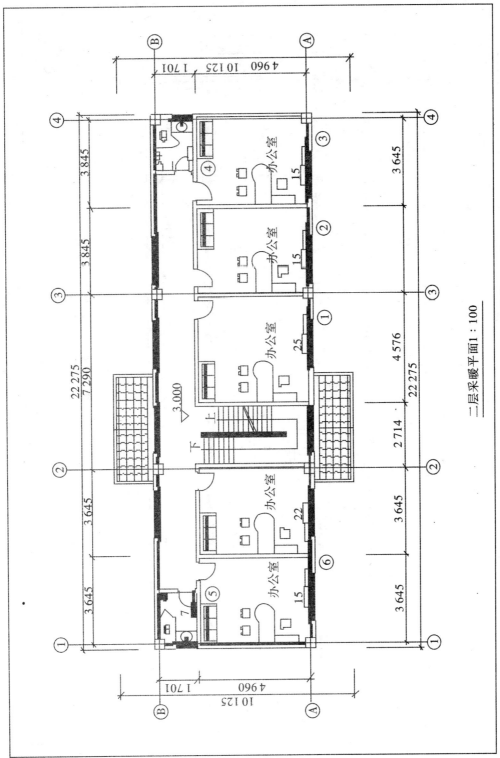

二层采暖平面1:100

图2-42 二层平面图（单位：mm）

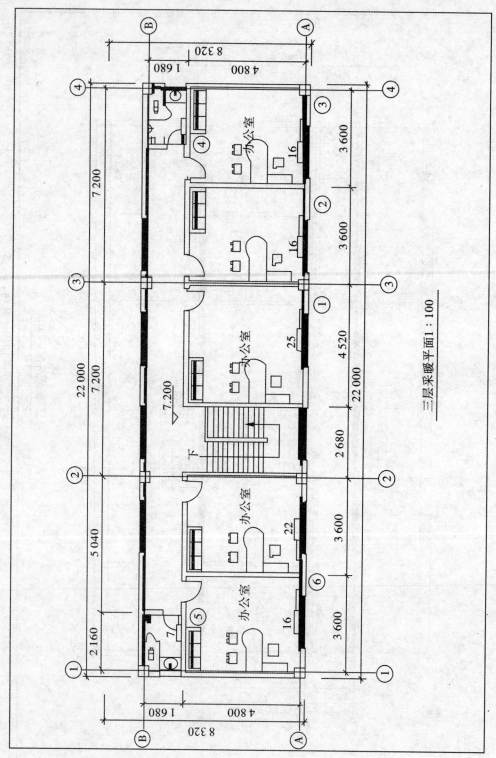

三层采暖平面1:100

图2-43 三层平面图（单位：mm）

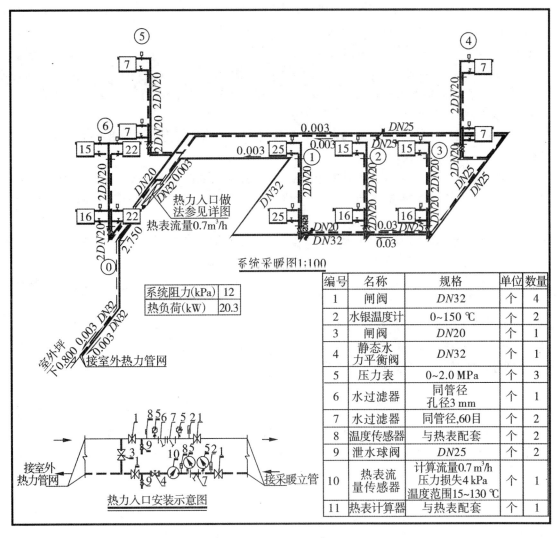

图 2-44　系统图(单位:m)

平面图和系统图都标注了立管编号,本系统共设置 6 根立管,供水立管和回水立管分别设置温控阀和截止阀,干管及立管管径都标注在系统图上,供水干管从 DN32 逐渐减少到 DN20,回水干管由 DN20 逐渐增大到 DN32,所有立管均为 DN20。

4. 看系统图

系统图应从热力入口沿着水流方向看,经干管、立管、支管到散热器、回水支管、立管、干管到总回水管的出口。如图 2-44 所示,供回水干管由室外标高为 -0.8 m 的采暖地沟从前往后敷设,上升至标高为 2.75 m 进入室内,供回水干管继续向前敷设,供水干管往前通过 90°弯头从左到右敷设,再通过另一个 90°弯头从后往前敷设,再通过另一个 90°弯头从左往右敷设引出了立管①、立管②直到立管⑥,每根立管设置两组散热器,热水通过供水干管到达立管,再由立管供给每层散热器,经散热器再回到回水立管,并进入回水干管,最终进入回水总管排出建筑物进入室外管网。

另外,在系统图上无法表达出的也要考虑。例如,组装散热器需要的对丝、丝堵、垫片的数量,以及安装散热器需要的乙字弯的数量,图中哪些管道需要煨弯等。此外还要结合设计说明,对系统管道和设备的防腐、保温及冲洗试压进行了解。

(二)低温热水地板辐射采暖工程施工图的识读

1. 低温热水地板辐射采暖施工

低温热水地面辐射采暖系统的施工工序为:地面清理—绝热层安装—安装分水器、集水器—安装加热管—水压试验—填充层—面层。

(1)地面清理。地暖施工前,首先进行地面清理。清除地面上的积土和各类杂物,保持地面干净,防止损坏保温板。

(2)绝热层安装。绝热层一般采用复合铝箔聚苯乙烯泡沫塑料板。绝热层做在找平层上,保温板要平整、板块接缝应严密,下部无空鼓及突起现象。保温板与四周墙壁之间留出伸缩缝。

(3)安装分水器、集水器。分水器、集水器宜在开始铺设加热管之前进行安装。水平安装时,宜将分水器安装在上,集水器安装在下,中心距宜为 200 mm,集水器中心距地面不应小于300 mm。每个环路加热管的进、出水口,应分别与分水器、集水器相连接。分水器、集水器一般布置在不影响室内使用并操作方便的地方。热媒集配装置加以固定。

(4)安装加热管。加热管安装前,应对材料的外观和接头的配合公差进行仔细检查,并清除管道和管件内外的污垢和杂物。注意管与管之间的距离,固定加热管卡子的间距,加热管出地面到分水器、集水器连接处的明装部分,外部加套管,套管高出装饰面 150～200 mm,以保护加热管。

(5)水压试验。地暖系统打压前,必须事先冲洗管道。水压试验进行两次,分别是在浇捣混凝土填充层前和填充层养护期满后。地暖系统试验压力为工作压力的 1.5 倍,且不应小于0.6 MPa。在试验压力下稳压 1 h,其压力降不应大于 0.05 MPa。不宜以气压试验替代水压试验。水压试验宜采用手动泵缓慢升压,升压过程中应随时观察与检查,系统各处无任何渗漏后方可带压充填细石混凝土。

(6)填充层及面层施工。细石混凝土的搅拌、运输、浇筑、振捣和养护等一系列的施工应符合混凝土施工要求。混凝土应采用人工抹压密实,混凝土层施工完毕后要进行养护。

2. 低温热水地板辐射采暖施工图的识读

图 2-45 至图 2-52 是某住宅楼的低温热水地板辐射采暖施工图。其中图 4-25 为设计说明;图 2-46 和图 2-47 为住宅楼的系统流程和安装说图;图 2-48 至图 2-52 为住宅楼的平面图。识图的时候注意将平面图和系统流程图、安装详图结合起来看。

(1)读懂设计说明,了解工程概况。根据设计说明(见图 2-45)可以看出该工程是某住宅楼的低温热水地板辐射采暖,建筑面积 1 500 m²,建筑物采用小区热网提供热源,每户设热表,安装在底层设备间内。热媒为50 ℃/60 ℃低温热水,住宅采暖系统采用共用立管下供下回式户内低温热水地板辐射采暖系统。

(2)通过平面图对建筑物和热力入口情况进行了解。从图中可以看出,建筑物是一个单元的住宅楼,地下一层,地上五层,地下一层是车库,五层上面带阁楼。在⑤轴线处设置楼梯,建筑物长度为 21 m,宽度为 12.5 m,朝向为南北方向。从图可以看出热力入口是 DN70 的管道在标高为 -1.2 m 从⑤轴线穿基础进入建筑物内,到达设备间标高上升为 -0.2 m,然后进行管道分散配置,进入管道井。

(3)结合系统流程图、安装详图和平面图,了解整个采暖系统情况。从图中可以看出从管道井引出来供水立管和回水立管,卫生间采用铜铝复合散热器,卧室、餐厅、客厅采用低温热水地板辐射采暖,分水器到热管网的管道均采用 PPR 管热熔连接,敷设在楼层垫层内,热媒集配装置设置在卫生间内,分、集水器采用耐压 1.5 MPa 规格的分、集水器,分、集水器设置在墙上的预留槽(上设过梁)内,规格为高 700 mm 深 180 mm,槽边距墙边 1 000 mm,槽宽度 850 mm。从分水器到各个房间采用 $De20 \times 2$ 的 PEX 管回型布置,管间距分别为:南卧室 250 mm,北卧室 200 mm,餐厅 250 mm,客厅 300 mm,南阳台 250 mm,距墙 100 mm。

　　从图可以看出,整个采暖系统采用共用立管下供下回式,管道井内的 Φ32 供、回水管道分别用尼龙绳绑扎成两根大管束,然后采用 20 mm 厚橡塑保温海绵保温管壳保温,保温层外缠一层铝铂胶带,橡塑保温海绵保温管管径:$DN150$ 的 6 根,$DN125$ 的 4 根,$DN80$ 的 2 根,$DN50$ 的 1 根。

采暖设计施工说明

一、工程概况:本工程为六层单元式住宅。建筑面积 1 500 m²。

二、设计内容:采暖。

三、设计依据:

采暖通风与空气调节设计规范	GB 50019—2003
民用建筑热工设计规范	GB 50176—93
地面辐射供暖技术规程	JGJ 142—2004
山东省民用建筑节能设计标准	DBJ 14—S2—98
(采暖居住建筑部分)	
山东省工程建设标准——低温	DBJ 14—BT14—2002
热水地板辐射采暖技术规程	
建筑专业提供的设计条件图	

四、总说明:

1.本图标高以首层室内地面±0.000为准,标高以m为单位,其他标注均以mm计。

2.所有管道标高均指管中心。

3.冬季采暖室外计算温度-9 ℃。

4.冬季采暖室内计算温度:

卧室为20 ℃,卫生间为25 ℃,客厅及餐厅为18 ℃。

五、采暖系统

1.户内卧室、客厅、餐厅采用热水地板辐射采暖方式,卫生间采用铜铝复合散热器(TLZ6.5-6/6-1.5),户内热表,安装在底层设备间内,热媒为60/50℃低温热水,由小区热网供给。

2.本建筑每个单元建筑热负荷为110 kW,系统阻力为40 kPa,系统循环水量为91 t/h。

3.住宅采暖系统采用共用立管下供下回。户内低温热水地板辐射采暖系统,热表、阀门等入户装置均设置于楼梯间设备间内,分户局部阻力损失为0.03 MPa。

4.卫生间采用铜铝复合散热器(TLZ6.5-6/6-1.5),每组散热器上部均设DN3自动跑风门一个。

5.管材:分水器至热管网的管道均采用PP—R(2.0 MPa)采暖管热熔接,分水器与管道井内的管道在楼层垫层内敷设,所以阀门处均留有可更换的活接或法兰。PP—R管道支架采用间距支架。图中所注管径"φXn"指管道外径X壁厚。地盘管采用交联聚乙烯(PEX)管压力等级不小于1.0 MPa,管径为De20×2。

6.保温:

(1)室外埋地部分采用硬质聚氨酯泡沫塑料保温40 mm厚,外做玻璃钢保护壳;设备间内架空管道采用25 mm厚橡塑保温海绵保温管壳保温。

(2)地下室埋地部分的φ32供、回水管道采用20 mm厚橡塑保温海绵保温管壳保温。

(3)管道井内的φ32供、回水管分别用尼龙绳绑扎成两根大管束,然后采用20 mm厚橡塑保温海绵保温管壳保温,保温层外缠一层铝铂胶带,橡塑保温海绵保温管管径:6根/DN150 4根/DN125 2根/DN80 1根/DN50

六、施工说明

1.在车库设备间内设总暖表(常规)及在分水器前设户用热计量表。

2.分水器采用耐压1.5 MPa的规格的分集水器,分、集水器墙上预留槽(上设过梁):高700深180,槽边距墙边1 000,槽宽度850,(见L02N907-67页)。

3.辐射地暖地板构造详图及分、集水器安装大样图见L02N907第66,67页。

4.盘管安装

1)每个弯头处下三个管卡,只管段每0.6 m下一个管卡。

2)外弯管道曲率半径250 mm,中心管道曲率半径160 mm。

3)管道距墙尺寸,除图中标注者外均为100 mm。

4)盘管在套门洞(卫生间、厨房除外),伸缩缝加厚紫铜皮套管。

5)除卫生间厨房外其他房间沿墙、门洞处着安装20 mm厚聚苯板,高度与豆石混凝土以平,伸缩缝及房间周边立的苯板条由土建施工。

5.分水器

分水器应每个供水口均配有针型截止阀供每个回路单独启闭,每个回水口均配有紧缩装置的流量调节阀。并配有排气阀和排污阀。

6.试压:系统管道安装完毕,做0.6 MPa水压试验,试验方法见《建筑给水排水及采暖工程施工质量验收规范》(GB 50242—2002)第8.5,8.6条。

7.初次启运本系统按下列要求进行:先将外网冲洗干净后通入25~30℃供水水,运行3d后,每周提高供水温度5~10℃直至供水温度达到设计温度。8.采暖入口做法详见图集L02N907-14。

8.未尽事宜按《建筑给水排水及采暖工程施工质量验收规范》(GB 50242—2002)《集中采暖住宅分户热计量系统设计与安装》DBJT14—7(L02N907)《地面辐射供暖技术规程》JGJ 142—2004《山东省城市住宅集中供暖分户热计量系统设计暂行技术规定》执行。

七、图例

地板辐射采暖图纸目录

序号	图纸名称	图纸尺寸
1	施工说明、图例	A2
2	车库层地板辐射采暖平面图	A2
3	一～四层地板辐射采暖平面图	A2
4	五层地板辐射采暖平面图	A2
5	阁楼层地板辐射采暖平面图	A2
6	管道穿基础留洞图	A2
7	采暖管道系统流程及采暖管道安装详图	A2

七、图例

▣ 热量表		⊡ ⊡ 散热器	
▤ 自力式流量控制器		◁ 变径管	
⊠ 多功能过滤阀(入户为60目,单元室为孔为3 mm)		⊍ 自动排气阀	
⊠ 锁闭调节阀		━ 采暖供水管	
⊠ 锁闭阀		╍ 采暖回水管	
		⊢⊣ 伸缩缝	

图 2-45　设计说明

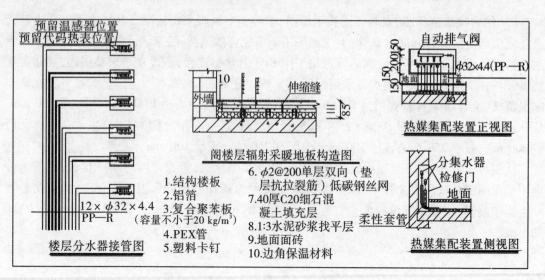

图 2-46 管道系统流程图和安装详图(一)

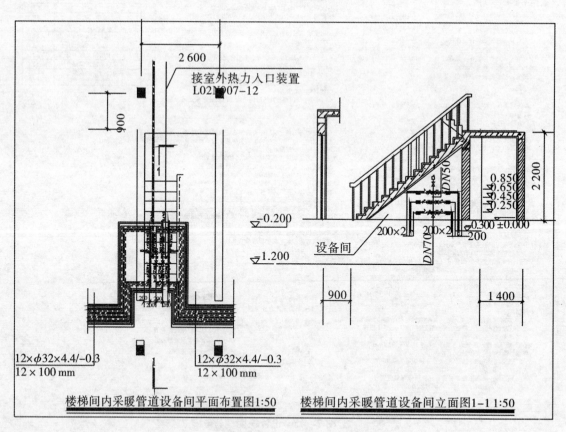

图 2-47 采暖管道系统流程图和安装详图(二)

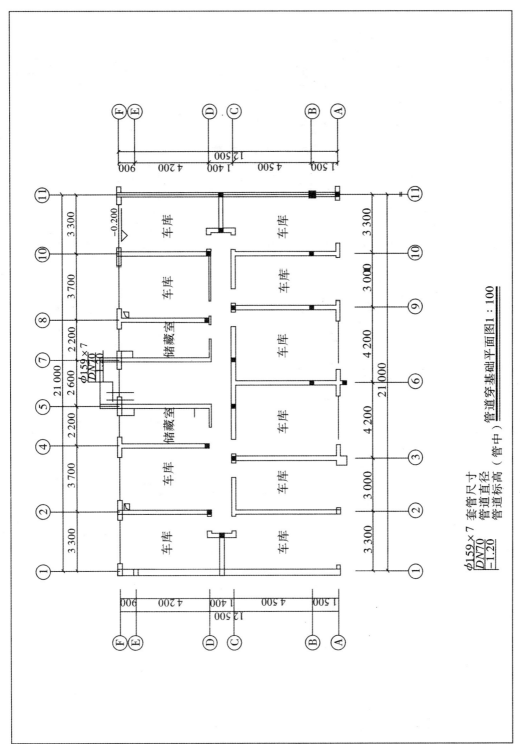

图2-48　管道穿基础平面图（单位：mm）

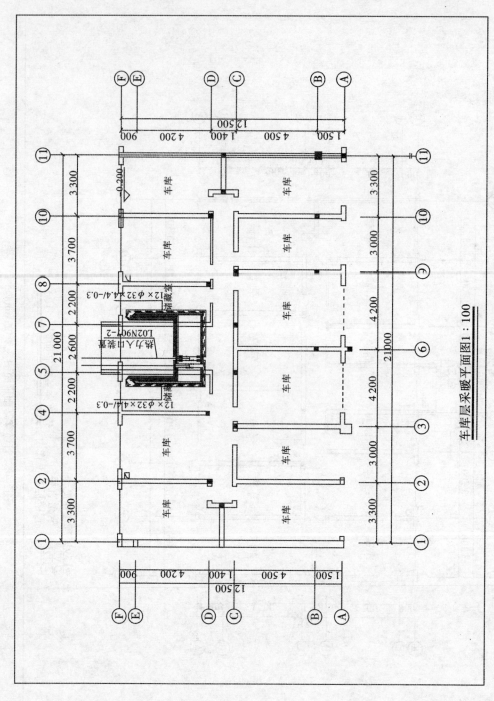

车库层采暖平面图1：100

图2-49 车库层采暖平面图（单位：mm）

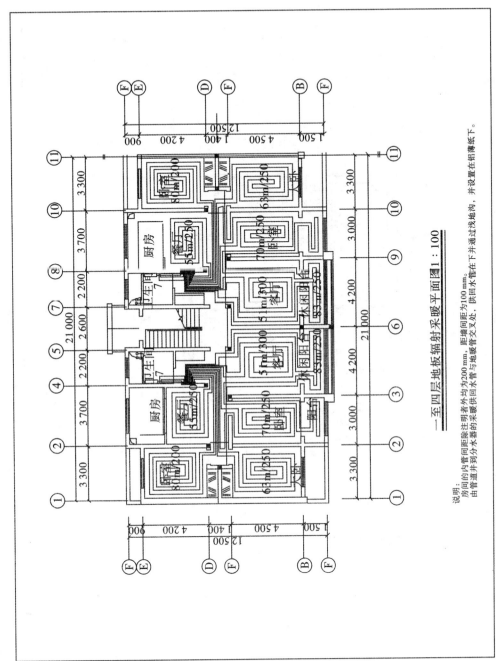

一至四层地板辐射采暖平面图 1 : 100

说明：的内管间距除注明者外均为200mm，距墙间距为100mm。
房间同距离在下通过浅地沟，供回水管与地暖管交叉处，供回水管的采暖与地暖器的采暖供回水管道并到分水器的采暖供回水管在铝薄纸下。

图2-50 一～四层采暖平面图（单位：mm）

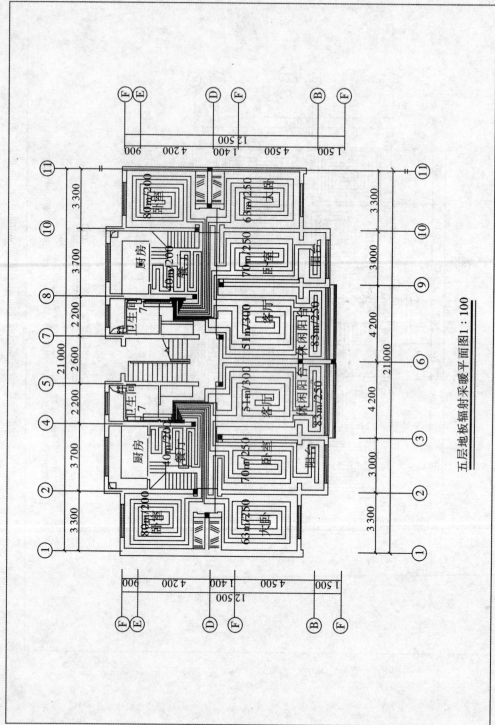

五层地板辐射采暖平面图1:100

图2-51 五层采暖平面图（单位：mm）

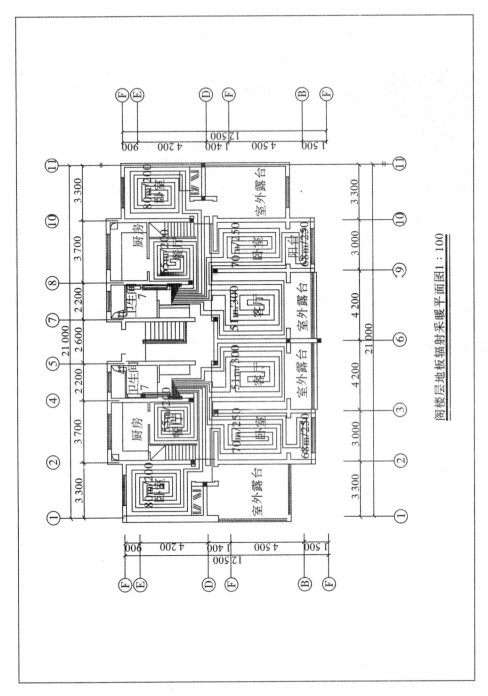

图2-52　阁楼层采暖平面图（单位：mm）

项目三

热水和燃气供应系统

任务1　热水供应系统

【任务介绍】

本任务以集中热水供应系统为例介绍热水供应系统的组成和工作原理,重点介绍国家推广采用的太阳能热水供应系统的常用形式。

【任务目标】

了解集中热水供应系统的组成和工作原理,熟悉太阳能热水供应系统的常用形式。

【任务引入】

宾馆、高档写字楼采用24 h不间断的热水供应系统,供我们洗涤、沐浴使用。这些热水如何供应?热水停留到管道中,为什么还能保证一定的水温?

【任务分析】

在一些高档的建筑物内,有不间断的热水供应系统;在城市家庭中,也经常有小型的热水供应系统供应淋浴或洗涤。这些系统由哪些部分组成?如何工作?国家推广的太阳能热水供应系统有哪些形式?这些都是我们在本任务中要解决的问题。

 相关知识

室内热水供应系统是水的加热、储存和输配的总称。按照热水供应范围的大小分为局部热水供应系统、集中热水供应系统和区域热水供应系统。

局部热水供应系统是指利用各种小型加热器在用水场所就地加热,供应一个或几个用水点使用的热水供应系统。例如,采用家用燃气热水器、电热水器、太阳能加热器等。集中热水供应系统是在锅炉房或热交换站把水集中加热,然后通过管道输送给一幢或几幢建筑的热水供应系统。集中热水供应系统可用于高级住宅建筑、宾馆、高级写字楼、医院等。区域热水供应系统是通过区域性锅炉或热交换站将水加热,通过市政管道送到建筑小区、工矿企业等的热水供应系统。

下面以集中热水供应系统为例介绍热水供应系统的组成和工作过程,介绍国家推广采用太阳能热水供应系统的常用形式。

一、集中热水供应系统

如图3-1所示是热媒为蒸汽的集中热水供应系统,它能保证立管随时都能得到符合设计水温要求的热水。集中热水供应系统主要由以下几部分组成:

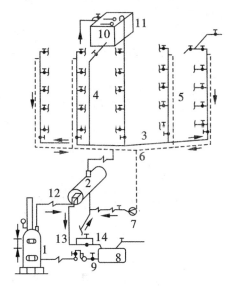

图3-1 热媒为蒸汽的集中热水供应系统

1—锅炉;2—水加热器;3—配水干管;4—配水立管;5—回水立管;6—回水干管;7—循环水泵;
8—凝结水池;9—凝结水泵;10—给水水箱;11—通气管;12—热媒蒸汽管;13—凝水管;14—疏水器

(1)第一循环系统(热媒循环系统即热水制备系统):它是连接锅炉(发热设备)和水加热器或储水器之间的管道系统。

(2)第二循环系统(配水循环系统即热水供应系统):它是连接储水器(或水加热器)和热水配水点之间的管道,由热水配水管网和回水管网组成。根据使用要求,系统可设计成全循环系统、半循环系统和非循环系统。全循环热水供应系统能保证用户随时得到符合设计水温要求的热水,但造价较高,适用于对水温要求高且24 h供应的热水供应系统。半循环系统适用于对水温要求不高的建筑物,使用时需先放掉一部分冷水,但工程投资较少。非循环系统工程投资少,但使用时需先放掉较多的冷水,使用不便,适用于连续供水或定时供水的小型热水供应系统。

(3)附件:由于热媒系统和热水系统中控制、连接的需要,以及由于温度的变化而引起的水的体积膨胀、超压、气体的分离和排除等,都需要设置附件。常用的附件有温度自动控制装置、疏水器、减压阀、安全阀、膨胀水箱(或罐)、管道自动补偿器、闸阀、自动排气装置等。

集中热水供应系统的工作过程是:锅炉生产的蒸汽经热媒管送入水加热器把冷水加热,蒸汽放热后变成凝结水由凝结水管排至凝结水池,锅炉用水由凝结水池旁的凝结水泵压入。水加热器中所需要的冷水由给水水箱供给,加热器产生的热水由配水管网送到各个用水点。不配水时,配水管和回水管中仍循环流动着一定量的循环热水,用以补偿配水管路在此期间的热损失。

二、太阳能热水供应系统

太阳能热水器是将太阳能转换成热能并将水加热的装置,主要包括太阳能集热器、储水箱、控制系统、管路、辅助能源、安装支架和其他部件。

按供热水的范围不同,太阳能热水供应系统可分为集中供热水系统、集中—分散供热水系统、分散供热水系统,目前后两种较为常用。

(一)集中—分散供热水系统

集中—分散供热水系统是采用集中的太阳能集热器和分散的储水箱供给一幢建筑物所需热水的系统,其系统图如图3-2所示。

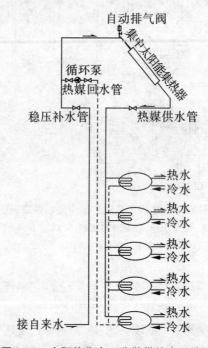

图3-2 太阳能集中—分散供热水系统图

(二)分散供热水系统

分散供热水系统是采用分散的太阳能集热器和分散的储水箱供给各个用户所需热水的小型系统,目前应用广泛。

分散供热水系统按运行方式主要包括以下三种:自然循环直接系统、自然循环间接系统、强制循环间接系统。

(1)自然循环直接系统:其原理如图3-3所示。自然循环直接系统是集热器和水箱结合在一起的整体式系统,其工作原理是在太阳能集热器中直接加热水供给用户的太阳能系统,广泛用于住宅等局部热水供应系统中。

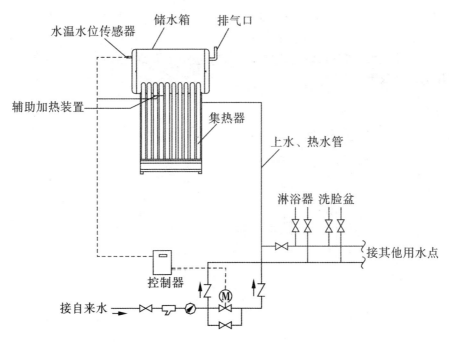

图 3-3 太阳能自然循环直接系统原理图

（2）自然循环间接系统：如图 3-4 所示，一般指分体式自然循环系统，该系统集热器中的传热工质和水箱中的水是相互独立的，通过换热器将水箱中的水加热，其工作原理是利用传热工质的温度梯度产生的密度差所形成的自然对流进行反复循环，从而将水箱中的水加热。

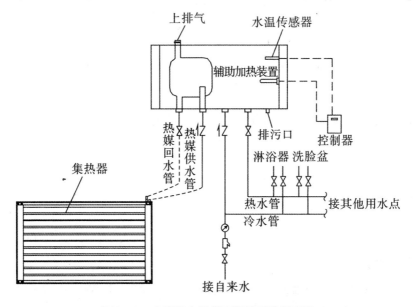

图 3-4 太阳能自然循环间接系统原理图

在自然循环系统中，为了保证必要的热虹吸压头，储水箱应高于集热器上部。这种系统结构简单，不需要附加动力，控制简单，易于安装，维修方便。

（3）强制循环间接系统：如图3-5所示，主要指分体式强制循环承压系统，该系统水箱与集热器相互独立，利用水箱中的换热器进行热交换，使用循环泵和温差控制进行循环。其特点是：承压运行设计、全自动控制系统、使用方便；采用密闭双循环技术，卫生条件好；安全提供热水，设置压力温度双重安全阀。

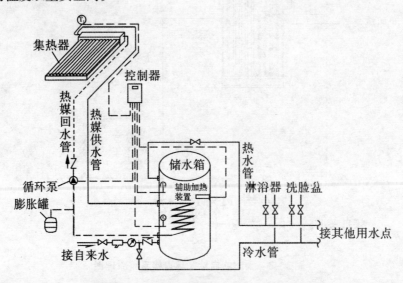

图3-5　太阳能强制循环间接系统原理图

任务2　热水管道与常用附件

【任务介绍】

本任务主要介绍热水供应系统常用管材、附件及布置敷设要求等。

【任务目标】

熟悉热水供应系统常用管材及热水管道布置敷设要求，熟悉热水供应系统常用附件及其作用。

【任务引入】

热水供应系统中，水温在40~60℃，输送这样的水会有什么问题？对管道材料有什么要求？管道布置敷设会有什么特殊要求？热水供应系统需要有哪些附件才能保证系统的正常运行？

【任务分析】

热水供应系统是供应一定温度的热水满足人的使用要求，水温如何控制呢？水温升高，体积膨胀，空气在水中的溶解度会减小，空气会从水中分离；温度较高时，管道也会伸长会膨胀，管道布置敷设时如何解决这些问题呢？水温在40~60℃时，结垢问题也影响到管道的正常使用。在工程中采用什么管材、设置哪些附件才能保证系统正常运行？

相关知识

一、热水管道及布置敷设要求

热水管道应选择耐腐蚀和安装方便的管材及相应配件。可采用薄壁铜管、薄壁不锈钢管、塑料热水管(如交联聚乙烯管)、塑料和金属复合热水管(如交联铝塑复合管)等。

室内热水管道布置的基本原则是在满足使用、便于维修管理的情况下管线最短。热水干管根据所选定的方式可以敷设在地沟、地下室顶部、建筑物最高层或专用设备技术层内。一般建筑物的热水管线放置在预留沟槽、管道竖井内。明装管道尽可能布置在卫生间或非居住的房间。管道穿楼板、墙壁及基础时应加套管,穿越屋面及地下室外墙时应加防水套管。楼板套管应该高出地面 50~100 mm,以防积水时由楼板孔流到下一层。为防止热水管道输送过程中发生倒流或串流,应在水加热器或储水罐给水管上、机械循环第二循环管上、加热冷水所用的混合器的冷热水进水管上装设止回阀。所有横管应逆坡敷设,便于排气和泄水,坡度一般不小于 0.003。

横干管直线段应设置足够的补偿器。上行下给式配水横干管的最高点应设置排气装置(如自动排气阀或集气罐),管网最低点还应设置泄水阀门或丝堵以便泄空管网存水。对下行上给式全循环式管网,为了防止配水管网中分离出的气体被带回循环管,应当把每根立管的循环管始端都接到其相应配水立管最高点以下 0.5 m 处。为了避免管道热伸长所产生的应力损坏管道,立管与横管连接应按照如图 3-6 所示的方法进行敷设。

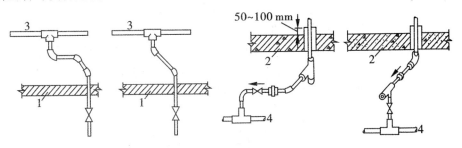

图 3-6 热水立管与横干管的连接方式
1—吊顶;2—结构层;3—配水干管;4—循环干管

二、热水供应系统常用附件

(一) 自动温度控制装置

当水加热器出口的水温需要控制时,可根据有无热调节容积分别安装不同温度精度要求的自动温度调节装置,以控制热水出口的温度。自动温度调节装置按执行机构的动力划分,有自力式温度调节装置、电动式温度调节装置、电磁式温度调节装置几种,下面介绍温度调节装置的工作原理。

如图 3-7 所示为电动式温度调节装置控制原理图。它由加热水箱、温度传感器、控制箱和电动阀组成。温度传感器内部为热敏元件,直接插入受控水中,向控制箱输送温度信号。控制箱处理信号,监控水温,并根据水温情况调节电动阀的开启度,传感距离可达 300 m,安装时可直接挂在墙上。电动阀是水温自动控制器的执行部件,其精确度决定控温的效果。

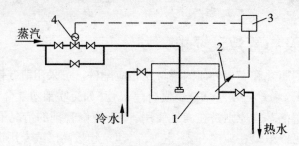

图 3-7　电动式温度调节装置控制原理图

1—加热水箱;2—温度传感器;3—控制箱;4—电动阀

(二)安全装置

闭式热水供应系统中,热媒为蒸汽或 >90 ℃ 的高温水时,水加热设备除安装安全阀外,系统还宜设膨胀管或膨胀罐;热媒为 ≤90 ℃ 的高温水时,可只在水加热设备上设安全阀。

水加热设备的上部、热媒进出口管上、储热水罐和冷热水混合器上应安装温度计、压力表;热水循环的进水管上应安装温度计及控制循环泵开停的温度传感器;热水箱应安装温度计、水位计;压力容器应安装安全阀。

水加热器宜采用微启式弹簧安全阀,安全阀应设防止随意调整螺丝的铅封装置。安全阀的开启压力,一般取热水系统水加热器处工作压力的 1.1 倍,但不得大于水加热器本体的设计压力。安全阀应直立安装在水加热器的顶部。安全阀与设备之间不得安装阀门。安全阀应设置在便于维修地点,其排除口应设导管将排泄的热水引至安全地点。

膨胀管是一种接收热水系统内因热水膨胀产生的水量,防止设备和管网超压的简易装置。膨胀管适用于由生活饮用高位水箱向水加热器供应冷水的开式热水系统,膨胀管与系统的连接如图 3-8 所示。膨胀管上严禁安装阀门,并应引至同一建筑物其他非生活饮用水箱上空。

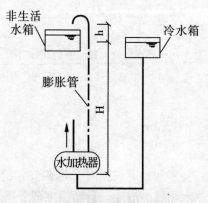

图 3-8　膨胀管与系统的连接

膨胀罐是一种密闭压力罐,有隔膜式和胶囊式两种。适用于热水供应系统中无法安装膨胀管、膨胀水箱的情况,主要作用是吸收加热储热设备及管道内水升温产生的膨胀水量。膨胀罐宜设置在加热设备的冷水进水管或热水回水管上。

膨胀水箱是一种开启式水箱,可置于屋顶设备间。水箱底部设管道接至容积式加热器上,管道上不能设阀门。

管道补偿器、排气阀、疏水器等在项目二中已有介绍,此处不再赘述。

任务3　燃气供应系统概述

【任务介绍】

本任务简要介绍了燃气的特点及种类,介绍了城市燃气供应系统,及城市燃气的供应方式。

【任务目标】

了解燃气的特点及种类,了解室外燃气供应系统,了解燃气管道的分类,了解城市燃气的供应方式。

【任务引入】

能燃烧的气体燃料称为燃气。对于住宅建筑来说,使用燃气作为燃料,可改善生活条件,提高生活品质,那么工程中有哪几种燃气? 城市燃气如何供应到各建筑物呢?

【任务分析】

燃气给我们的生活提供了很大的便利。燃气按来源不同可分为天然气、人工煤气、液化石油气等,它们的成分相同吗? 哪种是更优质的燃气呢? 这些燃气如何供应呢?

相关知识

气体燃料较之液体燃料和固体燃料具有更高的热能利用率,燃烧温度高,火力调节自如,使用方便,易于实现燃烧过程自动化,燃烧时没有灰渣,清洁卫生,而且可以利用管道和瓶装供应。在工业生产上,燃气供应可以满足多种生产工艺(如玻璃工业、冶金工业、机械工业等)的特殊要求,可达到提高产量、保证产品质量以及改善劳动条件的目的。在人们日常生活中应用燃气为燃料,对改善人们生活条件,减少空气污染和保护环境,都具有重大的意义。

一、燃气的分类

按照燃气的来源及生产方式分为四大类:天然气、人工煤气、液化石油气和沼气。

(一)天然气

天然气一般可分四种:①从气井开采出来的纯天然气(或称气田气);②溶解于石油中,随石油一起开采出来后从石油中分离出来的石油伴生气;③含石油轻质馏分的凝析气田气;④从井下煤层抽出的矿井气(又称矿井瓦斯)。

天然气热值高,容易燃烧且燃烧效率高,是优质、清洁的气体燃料,是理想的城市气源。

天然气从地下开采出来时压力很高,有利于远距离输送。但需经降压、分离、净化(脱硫、脱水),才能作为城市燃气的气源。天然气可作为民用燃料或汽车清洁燃料使用。天然气经过深度制冷,在 −160 ℃的情况下就变成液体成为液化天然气,液态时的天然气的体积为气态时的 1/600,有利于储存和运输,特别是远距离越洋输送。

天然气主要成分是甲烷,比空气轻,无毒无味,但是极易与空气混合形成爆炸混合物。空气含有 5% ~15% 的天然气泄漏量时,遇明火就会发生爆炸。供气部门在天然气中加入少量加臭剂(如四氢噻吩、乙硫醇等),泄漏量只要达到 1%,用户就会闻到臭味,避免发生中毒或爆炸等事故。

(二)人工煤气

人工煤气是指以固体或液体燃料为原料加工制取的可燃气体。一般将以煤为原料加工制成的燃气称为煤制气,简称煤气;用石油及其副产品(如重油)制取的燃气称为油制气。我国常用人工煤气有干馏煤气、气化煤气、油制气。

(1)干馏煤气:干馏煤气是将煤隔绝空气加热到一定温度,所获得的煤气。它的主要成分为氢、甲烷、一氧化碳等。

(2)气化煤气:将煤或焦炭在高温下与氧化剂(如空气、氧、水蒸气等)相互作用,通过化学反应使其转变为可燃气休,此过程称为固体燃料的气化,由此得到的燃气称为气化煤气。其主要成分为氢、甲烷。

(3)油制气:利用重油(炼油厂提取汽油、煤油和柴油之后所剩的油品)制取的城市燃气称为油制气。它含有氢、甲烷和一氧化碳。

人工煤气有强烈的气味及毒性,含有硫化氢、苯、氨、焦油等杂质,容易腐蚀及堵塞管道。因此出厂前需经过净化。

(三)液化石油气

液化石油气是石油开采和炼制过程中,作为副产品而获得的碳氢化合物。

液化石油气的主要成分是丙烷、丁烷、丙烯、丁烯等。常温常压下呈气态,常温加压或常压降温时,很容易转变为液态,以进行储存和运输,升温或减压即可气化使用。从液态转变为气态其体积扩大 250 ~300 倍。液化石油气可采用瓶装供应,也可进行小区域的管道输送。

(四)沼气

沼气的主要组分为甲烷(约占 60%)、二氧化碳(约占 35%),此外有少量的氢、氧、一氧化碳等。在农村,利用沼气池将薪柴、秸秆及人畜粪便等原料在隔绝空气的状态下厌氧发酵,产生沼气。可提供农户炊事所需燃料,偏远地区还可使用沼气灯照明。

二、城市燃气的供应方式

城市燃气供应可分为管道输送和瓶装供应两种。

(一)管道输送

天然气或人工煤气经过净化后即可输入城镇燃气管网。城镇燃气管网包括市政燃气管网和小区燃气管网两部分。

城镇燃气管网按供气压力的不同可分为以下几种:

低压管网:$p \leqslant 5$ kPa。

中压管网:5 kPa $< p \leqslant 150$ kPa。

次高压管网:150 kPa $< p \leqslant 300$ kPa。

高压管网:300 kPa $< p \leqslant 800$ kPa。

超高压管网:$p > 800$ kPa。

中压以上压力较高的管道,应连成环状管网,中低压管道一般布置成枝状管网。

在特大城市,燃气管网应由低压、中压、次高压、高压、超高压管网连成五级管网;在一般的大城市,燃气管网由低压、中压(或次高压)、高压管网连成三级管网;在中小城市,燃气管网由低压、中压(或次高压)管网连成两级管网。

超高压、高压、次高压管网等管网依次经过各级调压站降压,最终至低压管网送到用户。调压站是城市燃气输配系统中自动调节并稳定管网中压力的设施。燃气调压站按进出口管道压力可分为高中压调压站、高低压调压站、中低压调压站等;按服务对象分为供应一定范围的区域调压站和为单独建筑物或工业服务的用户调压站。燃气调压站通常由调压器、阀门、过滤器、安全装置、旁通管以及测量仪表等组成。

小区燃气管网是指从小区燃气总阀门井后至各建筑物的室外管网,一般为低压或中压管网。小区燃气管道敷设在土壤冰冻线以下 0.1 ~ 0.2 m 的土层内,根据建筑群的总体布置,小区燃气管道宜与建筑物轴线平行,并埋于人行道或草地下;管道距建筑物基础应不小于 2 m;与其他地下管道的水平净距为 1.0 m;与树木应保持 1.2 m 的水平距离。小区燃气管道不能与其他管道同沟敷设,以免管道发生漏气时经地沟渗入建筑物内。根据燃气的性质及含湿状况,当有必要排除管道中的冷凝水时,管道应具有不小于 0.003 的坡度坡向凝水器。

(二)瓶装供应

目前液化石油气多用瓶装供应。液化石油气在石油厂生产后,可用管道、火车槽车、槽船运输到储配站或灌瓶站再用管道或钢瓶灌装,经供应站供应用户。

供应站到用户根据供应范围、户数、燃烧设备的需用量大小等因素可采用单瓶供应、瓶组供应和管道系统供应等。其中单瓶供应常用 15 kg 规格的钢瓶供应居民;瓶组供应采用钢瓶并联供应公共建筑或小型工业建筑的用户;管道系统供应适用于居民小区或锅炉房。

钢瓶内液态石油气的饱和蒸汽压按绝对压力计一般为 70 ~ 800 kPa,靠室内温度可自然气化。供燃气用具及燃烧设备使用时,还需经过钢瓶上调压器减压到 (2.8 ± 0.5) kPa((280 ± 50) mmH$_2$O 柱)。单瓶系统的钢瓶一般置于厨房,瓶组系统的并联钢瓶、集气管及调压阀等应设置在单独房间。

任务4 室内燃气供应系统

【任务介绍】

本任务主要介绍室内燃气供应系统的组成,室内燃气管道布置与敷设要求,介绍常用的燃气用具及安装要求和燃气使用的安全常识等。

【任务目标】

熟悉室内燃气供应系统的组成及管道布置敷设要求,熟悉常用的燃气用具及安装要求,熟悉室内燃气使用的安全常识。

【任务引入】

前面介绍了室内的给排水系统和采暖系统,这两种系统主要用于输送液体。燃气是气体,并且泄漏会产生危险,那么室内的燃气供应系统由哪些部分组成?在设置和使用时有哪些特殊要求?

【任务分析】

燃气系统以低压供应到室内,但燃气泄漏会产生极大的危险,因此对室内燃气系统的设计、施工、使用都提出了较高的要求。下面我们介绍室内燃气系统组成、管道布置敷设要求、常用的燃气用具及使用燃气的安全常识。

相关知识

一、室内燃气供应系统的组成

室内燃气供应系统由用户引入管、水平干管、立管、用户支管、燃气计量表、用具连接管和燃气用具等组成,如图 3–9 所示。

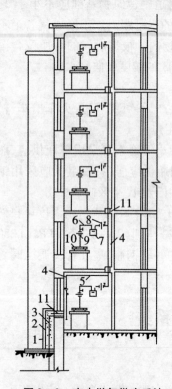

图 3–9　室内燃气供应系统

1—用户引入管;2—砖台;3—保温层;4—立管;
5—水平干管;6—用户立管;7—燃气表;
8—旋塞阀及活接头;9—用具连接管;
10—燃气用具;11—套管

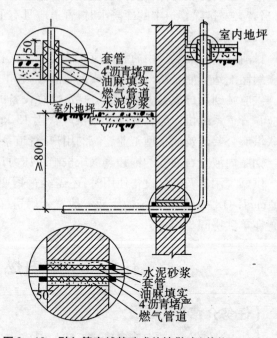

图 3–10　引入管穿越基础或外墙做法(单位:mm)

二、室内燃气管道的布置与敷设

室内燃气管道可采用塑料管、镀锌钢管或铜管,铜管宜采用牌号为 TP2 的管材。室内燃气管道的布置和敷设要求如下:

（一）引入管

用户引入管与城市或小区低压分配管道连接,在分支管处设阀门。输送湿燃气的引入管一般由地下引入室内,当采取防冻措施时,也可由地上引入。在非采暖地区输送干燃气且管径不大于 75 mm 的,则可由地上引入室内。输送湿燃气的引入管应有不小于0.005的坡度,坡向城市或小区分配管道。

引入管最好直接引入用气房间（如厨房）内。不得敷设在卧室、浴室、厕所、易燃与易爆物仓库、有腐蚀性介质的房间、变配电间、电缆沟及烟、风道内。

当引入管穿越房屋基础或管沟时,应预留孔洞,加套管,间隙用油麻、沥青或环氧树脂填塞。管顶间隙应不小于建筑物最大沉降量,具体做法如图 3 – 10 所示。当引入管沿外墙翻身引入时,其室外部分应采取适当的防腐、保温和保护措施。引入管进入室内后第一层处,应该安装严密性较好、不带手柄的旋塞,可以避免随意开关。

对于建筑高度 20 m 以上建筑物的引入管,在进入基础之前的管道上应设软性接头,以防地基下沉对管道的破坏。

（二）水平干管

引入管连接多根立管时,应设水平干管。水平干管可沿楼梯间或辅助间的墙壁敷设,坡向引入管,坡度不小于 0.002。管道经过的楼梯间和房间应有良好的通风条件。

（三）立管

立管是将燃气由水平干管（或引入管）分送到各层的管道。立管一般敷设在厨房、走廊或楼梯间内。每一立管的顶端和底端设丝堵三通,作清洗用,其直径不小于 25 mm。当由地下室引入时,立管在第一层应设阀门。阀门应设于室内,对重要用户应在室外另设阀门。

立管通过各层楼板处应设套管。套管高出地面至少 50 mm,底部与顶棚面平齐。套管与立管之间的间隙用油麻填堵,沥青封口。

立管在多层建筑中可以不改变管径,直通上面各层。

（四）用户支管

由立管引向各单独用户计量表及燃气用具的管道为用户支管。用户支管在厨房内的高度不低于 1.7 m,敷设坡度应不小于 0.002,并由燃气计量表分别坡向立管和燃气用具。支管穿墙时也应有套管保护。

室内燃气管道应明装敷设。当建筑物或工艺有特殊要求时,也可以采用暗装。但必须敷设在有人孔的闷顶或有活盖的墙槽内,以便安装和检修。

三、燃气用具

（一）燃气表

燃气表是计量燃气用量的仪表,家庭常用的有膜式燃气表、IC 卡燃气表、远传信号膜式燃气表三种。

（1）家用膜式燃气表:是皮膜装配式气体流量计,由滑阀、皮袋盒、计数机等部件组成。常用的家用燃气计量表规格可从 $1.6 \sim 6.0$ m³/h。通常是一户一表,其使用量最多。

（2）IC 卡燃气表:是一种具有预付费及控制功能的新型膜式燃气表,它是在原来的燃气计量表上加一个电子部件、一个阀门以及在机械计数器的某一位字轮处加一个脉冲发生器,计数器字轮每转一周发出一个脉冲信号送入 CPU,CPU 根据编制的程序进行计数和运算后发出报警、显示及开闭进气阀等指令。

IC卡是有价卡,IC卡插入卡口,燃气表内的阀门即会开启,燃气即可使用,并在燃气表上、下两个窗口显示燃气使用量和卡内货币的使用数。抽出IC卡,燃气表内阀门即行关闭。当卡内货币即将用完前,会以光和声进行提示。在提示后卡内货币用完仍不换卡,燃气计量表将自动切断气源。IC卡燃气计量表的特点是计量精确,安装方便,付费用气,避免入户抄表。

(3)远传信号膜式燃气表:为解决不入户即能抄到居民使用燃气的消费量,在有条件的居民小区设置一个计算机终端(如设置在物业管理办公室内),用电子信号将每一燃气用户的燃气消费量远传至计算机终端。这不仅可解决入户抄表的难题,而且能准确、及时地抄到所有燃气用户的燃气消费量。远传信号膜式燃气表是目前家庭燃气用户计量燃气消费量的理想仪表。

以上三种燃气表适用于人工煤气、液化石油气、天然气、沼气、空气和其他无腐蚀性气体的计量。

燃气表宜安装在通风良好的非燃结构的房间内,严禁安装在卧室、浴室、危险物品和易燃物品存放及类似地方。当燃气表安装在灶具上方时,燃气表与炉灶之间的水平距离应大于30 cm。

(二)燃气灶

家用燃气灶常用的有单眼灶、双眼灶,一般家庭住宅配置双眼燃气灶。公共建筑可采用三眼灶、四眼灶、六眼灶等。

不同种类燃气的发热值和燃烧特性各不相同,所以燃气灶喷嘴和燃烧器头部的结构尺寸也不同,燃气灶与燃气要匹配才能使用。人工煤气灶具、天然气灶具或液化石油气灶具是不能互相代替使用的,否则,轻则燃烧情况恶劣,满足不了使用要求;重则出现危险、事故,甚至根本无法使用。

(三)燃气热水器

燃气热水器是一种局部热水供应的加热设备,按其构造和使用原理可分为直流式快速燃气热水器和容积式燃气热水器两种。

直流式快速燃气热水器目前应用最多,其工作原理为冷水流经带有翼片的蛇形管时,被流过蛇形管外部的高温烟气加热,得到所需温度的热水。

容积式燃气热水器是一种能够储存一定容积热水的自动加热器,其工作原理是与调温器、电磁阀及热电偶联合工作,使燃气点燃和熄火。

燃气热水器不宜直接设在浴室内,可装在厨房或通风良好的过道内,但不宜安装在室外。热水器应安装在不燃的墙壁上,若安装在易燃的墙壁上,应垫以隔热板。热水器的安装高度以热水器的观火孔与人眼高度平齐为宜,一般距地面1.5 m。

四、燃气使用安全常识

燃气燃烧后所排出的废气成分中含有浓度不同的一氧化碳,空气中的一氧化碳容积浓度超过0.16%时,人呼吸20 min会在2 h内死亡。因此设有燃气用具的房间,都应有良好的通风设施。

为保证人身和财产安全,使用燃气时应注意以下几点:

(1)管道燃气用户应在室内安装燃气泄漏报警切断装置。

（2）使用燃气应有人看管。

（3）如果发现燃气泄漏，应进行如下处理：①切断气源；②杜绝火种，严禁在室内开启各种电器设备，如开灯、打电话等；③通风换气，应该及时打开门窗，切忌开启排气扇，以免引燃室内混合气体，造成爆炸；④不能迅速脱下化纤服装，以免由于静电产生火花引起爆炸；⑤如果发现邻居家有燃气泄漏，不允许按门铃，应敲门告知；⑥到室外拨打当地燃气抢修报警电话或119。

（4）用户在临睡、外出前和使用后，一定要认真检查，保证灶前阀和炉具开关关闭完好，以防燃气泄漏，造成伤亡事故。

（5）不准在燃气灶附近堆放易燃易爆物品。

（6）燃气灶前软管的安装和使用应注意：①灶前软管的安装长度不能大于2 m；②灶前软管不能穿墙使用；③对于天然气和液化石油气一定要使用耐油的橡胶软管；④要经常检查软管是否已经老化，连接接头是否紧密；⑤要定期更换灶前软管。

（7）燃气设施的标志性颜色是黄色。城市中的黄色管道和设施一般都是城市燃气设施。

（8）户内燃气管不能作接地线使用。这是因为燃气具有易燃易爆的特性。凡是存在有一定浓度燃气的场所，遇到由静电产生的火花，能使燃气点燃，引起火灾或爆炸的可能。由于户内燃气管对地电阻较大，若把户内燃气管作为家用电器的接地线使用时，一旦家电漏电或感应电传到燃气管上，使户内的燃气管对地产生一定的电位差，可能引起对临近金属放电，产生火花，点燃或引爆燃气，造成安全事故。因而户内燃气管道不能作接地线用。

（9）使用瓶装液化石油气时还应注意以下几点：钢瓶应严格按照规程进行定期检验和修理。钢瓶按出厂日期计起，20年内每5年检验一次，超过20年每两年检验一次；不得将钢瓶横卧或倒置使用；严禁用火、热水或其他热源直接对钢瓶加热使用；减压阀如出现故障，不得自己拆修或调整，应由供气单位的专业人员维修或更换；严禁乱倒残液。

任务5　室内燃气工程施工图

【任务介绍】

本任务介绍室内燃气施工图的组成和识读，一般民用建筑燃气施工图的方法。

【任务目标】

了解燃气施工图的组成，能看懂一般民用建筑燃气施工图。

【任务引入】

燃气管道系统的施工与安装依据室内燃气工程施工图，那么室内燃气施工图由哪些部分组成？如何识读室内燃气工程施工图呢？

【任务分析】

室内燃气工程施工图是室内燃气管道施工和燃气用具安装的依据，施工图使施工人员理解设计意图，并把设计意图贯穿到施工中去，对于施工人员来说看懂施工图是进行施工的前提。下面介绍室内燃气工程施工图的基本知识及识读方法。

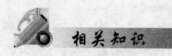

一、建筑燃气工程施工图的组成

与前面的建筑给水排水工程、建筑采暖工程施工图一样,建筑燃气工程施工图由文字部分和图示部分组成。文字部分包括图纸目录、设计施工说明、图例和主要设备材料表;图示部分包括平面图、系统图、详图。

二、建筑燃气工程施工图的识读

(一)建筑燃气工程施工图的识读方法

识读燃气工程施工图,首先应熟悉施工图纸,对照图纸目录,核对整套图纸是否完整,确认无误后再正式识读。识读的方法没有统一的规定,也没有规定的必要,识读时应注意以下几点:

(1)认真阅读施工图的设计施工说明:识图之前应先仔细阅读设计施工说明。通过文字说明了解燃气工程的总体概况,了解图纸中用图形无法表达的设计意图和施工要求,如管材及连接方式、管道防腐保温做法、管道附件及附属设备类型、施工注意事项、系统吹扫和试压要求、施工应执行的规范规程、标准图集号等。

(2)以系统为单位进行识读:识读时以系统为单位,可按燃气的输送流向识读,按用户引入管、水平干管、立管、用户支管、下垂管、燃气用具等顺序识读。

(3)平面图与系统图对照识读:识读时应将平面图与系统图对照起来看,以便于相互补充和说明,以全面、完整地理解设计意图。平面图和系统图中进行编号的设备、材料等应对照查看,以正确理解设计意图。

(4)仔细阅读安装详图:安装详图多选用全国通用的燃气安装标准图集,也有单独绘制用来详细表示工程中某一关键部位,或平面图及系统图无法表达清楚的部位,以便正确指导施工。

(二)建筑燃气工程施工图识读举例

图3-11至图3-16为某十一层住宅楼燃气施工图,现以这套图为例介绍施工图的识读方法。

(1)施工图图纸简介:本套图纸包括设计施工说明、图例和主要设备材料表一张(见图3-11)、平面图三张(见图3-12、图3-13、图3-14)、系统图一张(见图3-15)、详图一张(见图3-16)。所示图样为本工程截取的部分图样。

(2)工程概况:本工程为十一层的住宅楼,层高3.00 m,室内外高差为0.45 m,室外地面标高为-0.45 m。本工程采用天然气,气源为小区中压燃气管道,经室外燃气调压柜调至低压后,由室外燃气干管→单元用户引入管,穿外墙引至室内,通过立管供应给各燃气用户。每户按一台双眼燃气灶和一台燃气热水器设计。

图例及主要设备材料表

序号	图例	名称	型号及规格	单位	数量	备注
1	——	燃气管道				
2	⊠	旋塞阀				
3	⊠	球阀				
4	▽	变径管				
5	⊓	补偿器				
6	IC卡	IC卡燃气表	膜式:Q=2.5 m³/h 表底安装高度:1.2 m	个	22	适用天然气
7	圖	燃气灶	双眼灶	台	22	适用天然气
8	图	热水器	强排式或强制平衡式	台	22	适用天然气
9	□	中低压悬挂式调压柜	额定流量:50 m³/h 入口压力:中压B级 出口压力:2~3 kPa 可调 箱底安装高度:1.2 m	台	1	适用天然气

×××设计院		资质等级	乙级	证书编号		
		工程名称	××住宅小区			
审定	专业	项目	设计合同编号			
审核	负责人	设计施工说明		图别	DS6-01	动施
项目	校对	图例及主要设备材料表		图号		
负责人	设计			日期	2010-10	
	制图					

设计施工说明

一、总则
（1）本设计说明系依据《城镇燃气设计规范》GB 50028—93<2002年修订版>编制。
（2）图中尺寸标注单位：标高、管长以m计，其他以mm计，燃气管道标高以管中心计。
（3）图中锁注标高以首层室内地面地面标高为±0.00，燃气管道标高以外管皮计。
（4）外墙皮界限：以建筑物外墙为界，外墙皮以内为室内管，管道以外为室外管道。

二、阀门
（1）阀门：管材及连接应符合现行国家及行业有关标准及规范的规定。
（2）管材：室内燃气管道采用镀锌钢管，螺纹连接；室外管道采用无缝钢管，焊接。
（3）灶具与燃气管道间用专用耐油软橡胶管连接。

三、套管安装
套管穿过楼板、墙壁时，必须加设套管，套管应符合下列要求：
（1）穿墙套管两端需与地面齐平，穿楼板时套管应高出地面50 mm，下端与下层棚顶齐平。
（2）套管与管道之间的空隙用油麻填塞，穿墙时两端用石膏封堵，抹平；穿楼板时上端用热沥青封口，下端用石膏封堵，抹平；套管及楼板的同隙用水泥砂浆填塞，抹平。
（3）套管中的燃气管道不得有接口。
（4）套管规格比相应管道规格大两级。

四、图纸说明
（1）本设计中燃气热水器、燃气灶、燃气表及相关图例比相应图纸要求。
（2）设在室外全室外的球阀均为快速切断阀，由用户自行购买。自引入管总阀门至燃气表前阀门之间管段引进，应设置保护箱。

五、试压规定
（1）室内燃气管道自引入管总阀门至燃气总阀门严密性试验和严密性试验。
行强度试验，试验压力为0.05 MPa，在运行压力过程中，以无泄漏即合格。
漏即压力表无明显下降为试验合格后，进行严密性试验，试验压力为700 mm水柱测10 min，强度试验合格后，进行严密性试验，门至表前阀门之间的管段，试验压力为700 mm水柱，无降压为合格。

图3-11　设计施工说明、图例和主要设备材料表

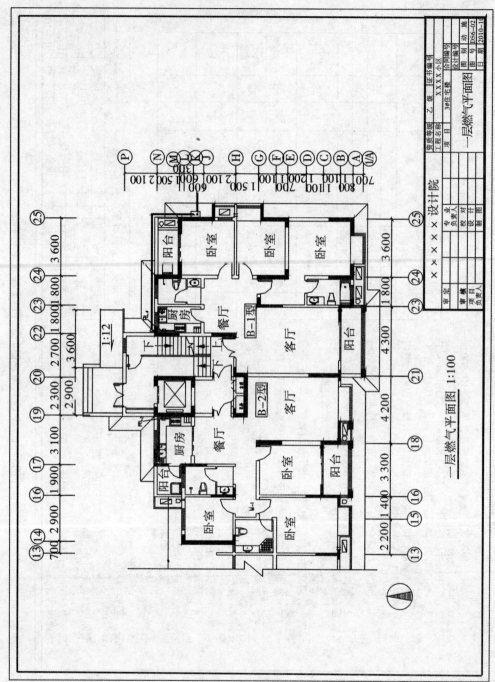

图3-12 一层燃气平面图（单位：mm）

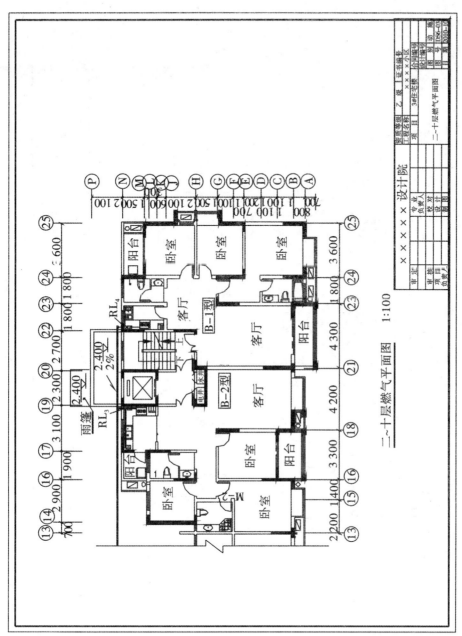

二～十层燃气平面图　1:100

图3－13　二～十层燃气平面图(单位：mm)

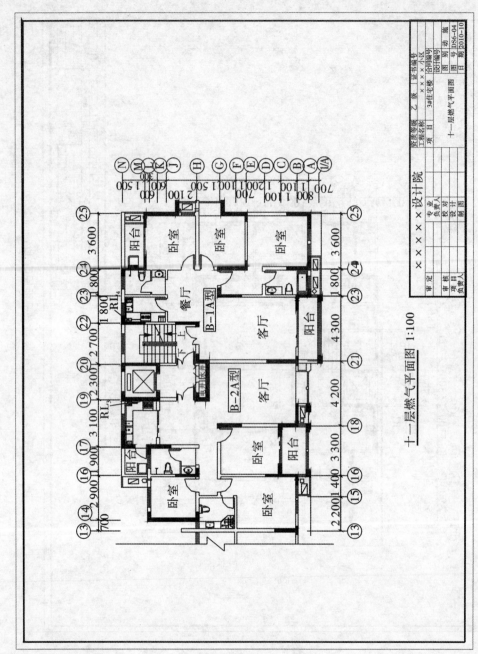

十一层燃气平面图 1:100

图3-14 十一层燃气平面图(单位:mm)

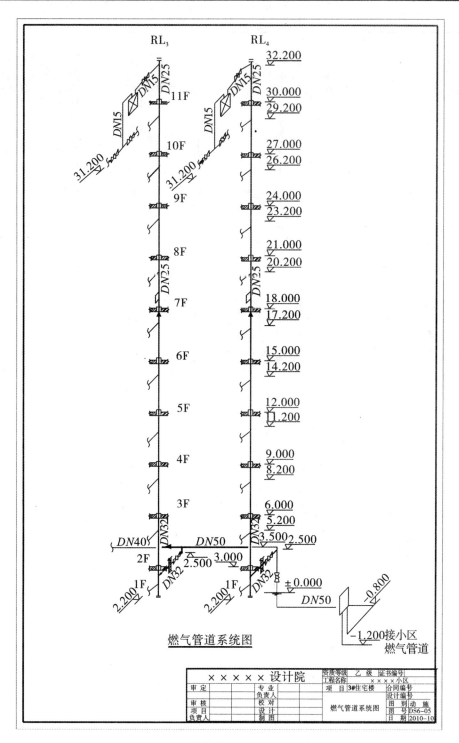

燃气管道系统图

图3-15　燃气管道系统图(单位:m)

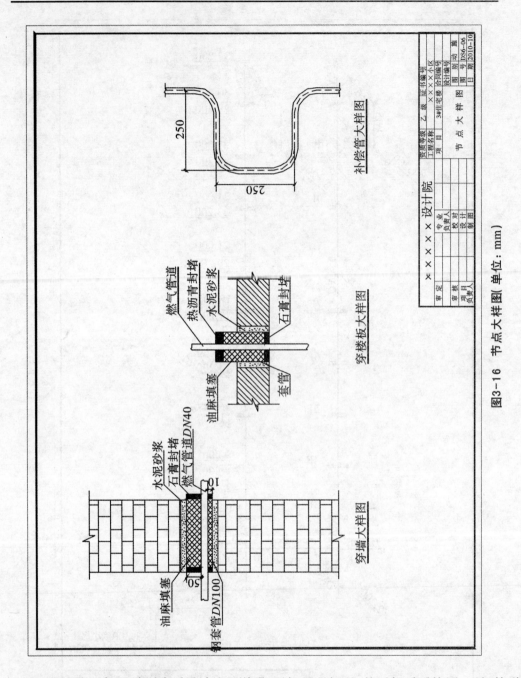

图3-16 节点大样图(单位:mm)

（3）施工图识读：识读时先看设计施工说明，了解工程概况；然后粗看系统图，了解管道的走向和大致的空间位置；将平面图与系统图对照起来看，按燃气的流向，从室外燃气干管→各单元用户引入管→立管→用户支管→燃气表→下垂管，按介质的顺序识读，查阅各管段的管径、标高、位置等。

室外燃气干管：从一层平面图和系统图中可以看出，本住宅楼燃气接自小区燃气管道，接管在25轴线与K轴线交叉处，管径为DN50，标高为-1.200 m，由右向左引至外墙外侧的中低压悬挂式调压柜。从主要设备材料表中可以看出，该调压柜箱底安装高度为1.2 m。经调压后，低压燃气管道由调压柜下部接出，向下至标高-0.800 m处后，由前向后，至N轴线处折向左到 22 轴线处向上穿出地面,从二层平面图和系统图可以看出,管道升高至标高为 3.5 m 处沿外墙向左敷设。从设计施工说明中可以看出,室外燃气干管采用无缝钢管,焊接连接。

各单元用户引入管:从图 3-12 所示的一层燃气平面图和图 3-15 所示的燃气管道系统图可以看出,各用户引入管从室外燃气干管接入,引入管的标高为 2.5 m,管径均为 DN32,穿外墙处设套管,并且用户引入管在室外水平管段处设快速切断球阀。从设计施工说明中可以看到,快速切断阀需设置保护箱,引入管穿墙做法在图 3-16 所示的详图中有明确表示。从图 3-11 中得知,引入管在室外部分采用无缝钢管,焊接连接;过外墙皮后采用镀锌钢管,螺纹连接。

燃气立管:从三个平面图和系统中可以看出,本套施工图中有两根立管,编号分别为 RL₃ 和 RL₄。立管沿各户厨房外墙角设置,立管上下均设丝堵,供气由下向上。六层及六层以下部分管径为 DN32,七层及七层以上部分管径为 DN25,变径管设在六楼三通之上。穿越楼板处均设套管,套管的节点做法在图 3-16 所示的详图中有详细表示。每根燃气立管在七层设补偿器一个,补偿器的做法如图 3-16 所示。从设计施工说明中可以看出,立管及室内的其他燃气管道均采用镀锌钢管,螺纹连接。

用户支管:根据平面图和系统图,每层的用户支管在每层地面以上 2.2 m 立管处接出,各楼层用户支管管径均为 DN15,用户支管上设一密封性能好的旋塞阀。

燃气表:每户设 IC 卡燃气表,从图 3-11 中可以看出,燃气表的流量为 2.5 m³/h,采用右进左出的膜式燃气表,挂墙安装。

燃气下垂管:根据系统图,由燃气表左边接出,管径均为 DN15,下降至地面 1.2 m 处设一三通,三通的水平段各设一球阀,分别接用户的燃气灶和燃气热水器。

其他:住宅楼每户厨房内安装燃气泄漏报警器,燃气热水器必须选用强排式或强制平衡式,排气管接至室外。

项目四

通风空调工程施工图的识读

任务1 通风系统

【任务介绍】

本任务主要介绍了通风系统的概念及通风系统的组成。

【任务目标】

了解通风系统的概念,了解通风方式及其特点,熟悉通风系统的组成。

【任务引入】

大家所在的教室有通风系统吗?家里的厨房、卫生间有通风系统吗?厨房、卫生间的污浊空气是怎么排出去的?如果是产生大量粉尘或有害物质的生产车间,污浊空气能直接排出去吗?

【任务分析】

通风是借助换气稀释或通风排除等手段,控制空气污染物的传播与危害,实现室内外空气环境质量保障的一种建筑环境控制技术。通风系统就是实现通风这一功能,包括进风口、排风口、送风管道、风机、过滤器、控制系统以及其他附属设备在内的一整套装置。

 相关知识

通风系统的任务是将室内被污染的空气直接或经过净化处理后排至室外,并把室外新鲜的空气适当处理后补充进来,以保证室内环境符合卫生标准。

一、通风系统的分类

(一) 按作用范围大小分类

1. 全面通风

全面通风是指在房间内全面通风换气,可由自然通风、机械通风完成。在工业和民用建筑中,人体散热、散湿、呼出二氧化碳等,将会产生大量的热、湿和有害气体。为使室内的空气环境符合卫生标准,室内要进入大量的新鲜空气满足卫生要求,进行全面通风换气。

(1)全面机械排风。在风机的作用下,将房间内污浊的空气排出,干净的空气从外部或邻室补入,如图4-1所示。

(2)全面机械送风。向房间内通过风机全面送风可以冲淡室内有害物,使室内空气压力大于室外空气压力,室内空气通过门窗被压出室外。

(3)全面机械送、排风。在某些房间装置全面机械送风和排风系统,也可称为无空气处理的空气调节系统,如图4-2所示。

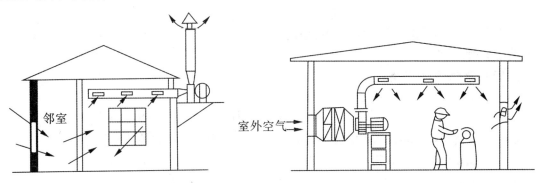

图4-1　全面机械排风系统　　　　图4-2　全面机械送、排风系统

2. 局部通风

通风的范围限制在有害物形成比较集中的地方或工作人员活动的局部地区。局部通风可分为局部送风和局部排风。

(1)局部送风。局部送风是将处理后符合标准的空气送到局部工作地点,创造对工作人员温度、湿度、清洁度适宜的局部空气环境,以保证工作地点的良好环境。直接向人体送风的方法又称为空气淋浴。如图4-3所示为局部送风系统示意图。

空气幕属于局部送风。对于大型的公共建筑和工业厂房的出入口,一般是经常开启的,在寒冷地区的冬季,室外的冷空气会随着开启的外门进入室内。为了保证室内的温度达到一定的要求,需在大门处设置空气幕,减少冷空气侵入。热空气幕送出空气的温度一般不超过50℃。当送风口设置在大门上部时,喷出的气流卫生条件较好。

(2)局部排风。局部排风是从几个局部排气点将有害气体排出室外,如图4-4所示。局部排风是为了尽量减少工艺设备产生的有害物质对室内空气的直接污染,用各种排风罩,在有害物产生的地方将有害气体就地排走,控制有害物不在房间扩散。若空气中含尘浓度较大时,需通过除尘净化设备处理,符合空气排放标准后排至室外。局部排风除尘系统一般由排风罩、风管、空气净化设备、风机等组成。

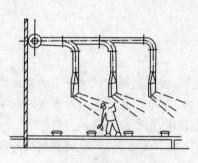

图 4-3 局部送风系统

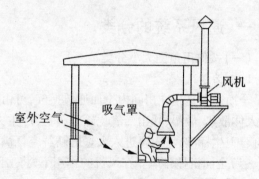

图 4-4 局部排风系统

通风柜是排风罩的一种。在工业厂房中,为防止有害气体散入房间,常用通风柜排出有害气体。通风柜将产生有害气体的工艺设备完全密封,工作人员在柜外通过工作口进行操作。

当工艺设备不允许密封时,为防止有害气体扩散,并保证工艺设备正常运行,可在工艺设备的上方、下方或侧边设置伞形吸气罩。伞形吸气罩是局部排风设备。

(3)局部送、排风。在工业厂房中,采用送风、排风联合式通风系统。这种联合通风系统可以提高通风效果。

(二)按循环动力分类

1.自然通风

自然通风是依靠自然界的热压或风压促使室内外空气进行交换的一种通风方法。在任何情况下,空气的流动都是由于本身各部分的压力不同所致。利用室外冷空气与室内热空气比重的不同,或建筑物迎风面和背风面风压的不同而进行换气的通风方式,称为自然通风。前者称为热压作用下的自然通风,如图 4-5 所示;后者称为风压作用下的自然通风,如图 4-6 所示。

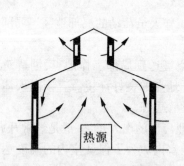

图 4-5 热压作用下的自然通风

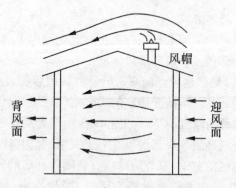

图 4-6 风压作用下的自然通风

(1)风压作用下的自然通风:风压是由于空气流动所造成的压力。室外空气流动,当与建筑物相遇时,会使建筑物周围的空气压力发生变化。在建筑物的迎风面,空气流动受阻,空气流动的速度减小,静压升高,这样室外空气的压力大于室内空气的压力,此时风压为正,称为正压。若建筑物的迎风面上有外窗,室外空气就会从开启的外窗或窗缝进入室内。由于室外空气绕过建筑物流动,在建筑物的背风面和侧面,静压降低,这样室外空气的压力小于室内空气的压力,此时风压为负,称为负压,室内空气就会从窗口或缝隙流向室外。当流进建筑物的室外空气量等于从建筑物流出的室内空气量时,建筑物内可保持一定的静压。

风压作用下的自然通风换气量取决于风速的大小。风速大,换气量就越大;风速小,换气量就越小。换气量的大小还与风向有关系。

(2)热压作用下的自然通风:热压是由于室内外空气的温度不同而形成的重力压差。由于室内、室外空气的温度不同,密度也不同,当室内空气温度高于室外空气温度时,室内空气的密度却小于室外空气的密度。建筑物上下有两个窗孔,室内空气会从上部窗孔流向室外,室外空气会从下部窗孔进入室内。当从建筑物下部窗孔进入室内的室外空气量等于从上部窗孔流向室外的室内空气量时,建筑物内可保持静压为一稳定值。热压作用和室内外的空气密度差有关,和建筑物上下两个窗孔的高差有关。

热压作用下的自然通风换气量取决于室内外温度差和进排风口的高度差。温差越大,高度差越大,通风换气量就越大。

建筑物外墙内外两侧的压差称为余压。当余压为零时,我们把建筑物所处的平面称为中和面。建筑物的中和面以下窗孔为进风,建筑物的中和面以上窗孔为排风。

自然通风是一种比较经济的通风方式,它不消耗动力。自然通风换气量的大小与室外气象条件密切相关,人们难以精确控制通风换气量,送入房间的空气不能处理,有时就不能满足要求。余热量较大的热车间常采用自然通风来降低室内温度。自然通风除了用于工业与民用建筑的全面通风外,某些热设备的局部排气系统也可以采用自然通风。

2.机械通风

机械通风是借助于通风机的动力,强迫空气沿着通风管道流动,使室内外的空气进行交换。机械通风的动力强,能有效地控制风量和送风参数,送入房间的空气可作适当处理,室内污染的空气要加以处理,在满足排放要求后排出到室外。

机械通风可分为机械送风和机械排风。机械送风是指向整个房间送风,或向房间的某个局部区域送风。机械排风是指排出整个房间内污染的空气,或排出房间某个局部区域的污染空气。

二、通风系统的组成

通风系统主要由送风系统和排风系统组成。按照空气流动方向,送风系统包括室外进气装置、进气室(根据需要可设置过滤器、换热器等设备)、风机、风道、室内送风口等;排风系统包括室内排风口、空气无害化处理设备(如除尘设备等)、风机、风道、室外排风口等。

任务 2 风道与通风设备

【任务介绍】

本任务主要介绍风道的材料及风道的布置。

【任务目标】

熟悉风道材料,了解风道布置的一般要求,熟悉通风系统常用阀门,熟悉通风机、除尘设备等。

【任务引入】

前面我们学习了通风系统,在通风系统中,风道、风机等是基本的组成部分,有些系统中还要设置除尘设备等。风道与前面讲的给排水管道、采暖管道材料一样吗? 风道上要设置阀门以便于控制和调节风量,同时还要保证通风系统的安全,这些阀门与前面所讲的阀门有什么不同? 工程中又是如何分离空气中的粉尘呢?

【任务分析】

分析该问题,涉及知识点为通风空调系统,要了解风道的材料,更要了解风道布置的要求。学习本任务后,问题将迎刃而解。

 相关知识

一、风道

通风管道的形状一般分为圆形和矩形,在工业与民用建筑中,风道材料有薄钢板涂漆或镀锌钢板、塑料风管、玻璃钢风管,与建筑相结合的混凝土风道、砖风道等,通风管道的使用材料应根据使用要求确定。

(一)风道材料与连接

1.金属薄板

金属薄板是制作风管及其部件的主要材料,通风工程常用的钢板厚度为 0.5 ~ 4.0 mm。常用的有普通薄钢板、镀锌钢板、不锈钢板、铝板及塑料复合钢板等。它们的优点是易于工业化加工制作,安装方便,能承受较高温度。

普通薄钢板具有良好的加工性能和结构强度,但其表面易生锈,应刷漆进行防腐。

镀锌钢板由普通钢板镀锌而成,由于表面镀锌可起防腐作用,一般用来制作不受酸雾作用的潮湿环境中的风管。

铝及铝合金板加工性能好,耐腐蚀,摩擦时不易产生火花,常用于通风工程的防爆系统。

不锈钢板具有耐酸能力,常用于化工环境中需耐腐蚀的通风系统。

塑料复合板在普通薄钢板表面喷上一层 0.2 ~ 0.4 mm 厚的塑料层。常用于防尘要求较高的通风系统和 –10 ~ 70 ℃ 温度下耐腐蚀系统的风管。

2.非金属薄板

硬聚氯乙烯塑料板适用于有酸性腐蚀作用的通风系统,具有表面光滑,制作方便等优点。但不耐高温,不耐寒,只适用于 0 ~ 60 ℃ 的空气环境,在太阳辐射作用下易脆裂。

玻璃钢、无机玻璃钢风管是以中碱玻璃纤维作为增强材料,用十几种无机材料科学地配成黏结剂作为基体,通过一定的成形工艺制作而成。具有质轻、高强、不燃、耐腐蚀、耐高温、抗冷融等特性。

3.风道连接

根据消防防火要求,一般风管接入风道时,都要添加防火阀。空调风管一般为 70 ℃ 防火阀,消防一般为 280 ℃ 防火阀。排风管接入风道,一般还要添加止回阀。

(二)风道布置的一般要求

通风系统设计首先要选定进风口、送风口、排风口及空气处理设备、风机的位置。布置管道时注意少占用空间,尽量缩短管路,减少分支管,力求管道顺直,减少不必要的局部构件。风管连接合理,以减少风管阻力,降低系统运行时的噪声。风管上应设置必要的调节阀门,设置测量装置,一般设在便于操作的地点。

二、常用阀门

(一)防火阀

防火阀安装在通风空调系统的送、回风管路上,平时呈开启状态;火灾时,当管道内气体温度达到70 ℃时,易熔片熔断,阀门在扭簧力作用下自动关闭,起隔烟阻火的作用。阀门关闭时,输出关闭信号。

(二)止回阀

止回阀又称单向阀或逆止阀,其作用是防止管路中的介质倒流。止回阀的安装应注意以下事项:

(1)在管线中不要使止回阀承受质量,大型的止回阀应独立支撑,使之不受管系产生的压力的影响。

(2)安装时注意介质流动的方向应与阀体所标箭头方向一致。

(3)升降式垂直瓣止回阀应安装在垂直管道上。

(4)升降式水平瓣止回阀应安装在水平管道上。

(三)闸板阀

闸板阀主要用于风机的出口或主干管上,其特点是严密性好、体积大,如图4-7所示。

(四)蝶阀

蝶阀多用于分支管上或空气分布器前,作风量调节用。这种阀门只需要改变阀板的转角就可以调节风量,操作起来简便,但严密性差,不适合作关断用。如图4-8所示为蝶阀。

图4-7　闸板阀

图4-8　蝶阀

三、通风设备

(一)通风机

通风机是输送气体并能提高气体能量的一种流体机械。在工业与民用建筑的通风空调工程中,按风机作用原理和构造的不同,通风机的类型可分为离心式通风机、轴流式通风机和贯流式通风机等。

1. 通风机的分类

（1）离心式通风机：离心式通风机主要由叶轮、机壳、风机轴、进风口、电动机等部分组成，有旋转的叶轮和蜗壳式外壳，叶轮上装有一定数量的叶片。风机在启动之前，机壳中充满空气；风机的叶轮在电动机的带动下转动时，由进风口吸入空气；在离心力的作用下空气被抛出叶轮甩向机壳，获得了动能与压力能，由出风口排出。空气沿着叶轮转动轴的方向进入，与从转动轴成直角的方向送出，由于叶片的作用而获得能量。我们把进风口与出风口方向相互垂直的风机称为离心式通风机。如图 4-9 所示为离心风机的外形。

离心式通风机按其增压量的大小可分为低压风机、中压风机、高压风机三类。在通风工程中所用的一般是低压和中压风机。

（2）轴流式通风机：轴流式风机主要由叶轮、机壳、风机轴、进风口、电动机等部分组成，它的叶片安装于旋转地轮毂上，叶片旋转时将气流吸入并向前方送出。风机的叶轮在电动机的带动下转动时，空气由机壳一侧吸入，从另一侧送出。我们把这种空气流动与叶轮旋转轴相互平行的风机称为轴流式通风机。如图 4-10 所示为轴流风机外形。

图 4-9　离心风机

图 4-10　轴流风机

轴流式通风机按其压力高低可分为低压风机和高压风机两类。

轴流式通风机按其用途可分为一般通风换气用轴流式风机、防爆轴流式风机、矿井轴流式风机、锅炉轴流式风机、电风扇等。

（3）贯通式通风机：它是将机壳部分地敞开使气流径向进入通风机，气流横穿叶片两次后排出。它的叶轮一般是多叶式前向叶型，两个端面封闭。它的流量随叶轮宽度增大而增加。贯流式通风机的全压系统较大，效率较低，其进出口均是矩形的，易与建筑配合。

2. 通风机的基本性能参数

（1）风量：通风机在标准状况下工作时，单位时间内所输送的气体体积，称为风机风量，以符号 Q 表示，单位为 m^3/h 或 L/s。

（2）全压：通风机在标准状况下工作时，每立方米气体通过风机以后获得的能量，称为风机全压，以符号 H 表示，单位为 Pa。

（3）功率和效率：通风机的功率是单位时间内通过风机的气体所获得的能量，以符号 N 表示，单位为 kW，风机的这个功率称为有效功率。

电动机传递给风机转轴的功率称为轴功率，用符号 $N_{轴}$ 表示，轴功率包括风机的有效功率和风机在运转过程中损失的功率。

通风机的效率是指风机的有效功率与轴功率的比值,以符号 η 表示,即可写成

$$\eta = \frac{N}{N_{轴}} \times 100\% \qquad\qquad (4-1)$$

通风机的效率是评价风机性能好坏的一个重要参数。

(4)转速:通风机的转速指叶轮每分钟的转数,以符号 n 表示,单位为 r/min。通风机常用转速为 2 900 r/min,1 450 r/min,960 r/min。选用电动机时,电动机的转速必须与风机的转速一致。

3.通风机的选择

选择通风机时,必须根据风量 Q 和相应于计算风量的全压 H,参阅厂家样本或有关设备选用手册来选择,确定经济合理的台数。

(二)除尘设备

在工业生产中,可能会产生大量的含尘气体或有害气体,危害人体健康,影响环境。因此,在通风工程中常利用除尘设备对这些含尘或有害的气体进行除尘净化处理,达到排放标准才可排入大气。除尘设备的种类很多,一般根据主要除尘机理不同可分为重力、惯性、离心、过滤、洗涤、静电六大类;根据气体净化程度的不同可分为粗净化、中净化、细净化与超净化四类;根据除尘器的除尘效率和阻力可分为高效、中效、粗效和高阻、中阻、低阻等几类。

1.重力沉降室

重力沉降室是通过重力使尘粒从气流中分离的。含尘气流进入重力沉降室后,流速迅速下降,在层流或接近层流的状态下运动,其中的尘粒在重力作用下缓慢向灰斗沉降。

2.惯性除尘器

惯性除尘器是使含尘气流方向急剧变化或与挡板、百叶等障碍物碰撞时,利用尘粒自身惯性力从含尘气流中分离尘粒的装置。其性能主要取决于特征速度、折转半径与折转角度。除尘效率优于重力沉降室,可用于收集大于 20 μm 粒径的尘粒。进气管内流速一般取 10 m/s 为宜。

3.旋风除尘器

旋风除尘器是利用离心力从气流中除去尘粒的设备。这种除尘器结构简单、没有运动部件、造价便宜、维护管理方便,除尘效率一般可达 85% 左右,高效旋风除尘器的除尘效率可达 90% 以上。这类除尘器在我国中小型锅炉烟气除尘中得到了广泛应用。

4.湿式除尘器

湿式除尘器主要是通过含尘气流与液滴接触在液体与粗大尘粒的相互碰撞、滞留以及细微尘粒的扩散、相互凝聚等净化机理的共同作用下,使尘粒从气流中分离出来达到净化气流的目的,其设备称湿式除尘器。该除尘器结构简单,投资低,占地面积小,除尘效率高,能同时进行有害气体的净化,但不能干法回收物料,泥浆处理比较困难,有时需要设置专门的废水处理系统。湿式除尘器适用于处理有爆炸危险或同时含有多种有害物的气体。

5.过滤式除尘器

过滤式除尘器是通过多孔过滤材料的作用从气固两相流中捕集尘粒,并使气体得以净化的设备。按照过滤材料和工作对象的不同,可分为袋式除尘器、颗粒层除尘器、空气过滤器等三种。过滤式除尘器的除尘效率高,结构简单,广泛应用于工业排气净化及进气净化,其中用于进气净化的除尘装置称作空气过滤器。

6. 电除尘器

电除尘器又叫静电除尘器,它是利用电场产生的静电力使尘粒从气流中分离的设备。电除尘器是一种干式高效过滤器。在国外,电除尘器已广泛应用于火力发电、冶金、化学和水泥等工业部门的烟气除尘和物料回收。在国内,由于经济条件的限制,目前主要用于某些大型的工程。小型的电除尘器可用于进气的净化。

任务3　空气调节系统

【任务介绍】

本任务主要介绍空气调节系统的概念和分类,及各类空气调节系统的工作原理。

【任务目标】

熟悉集中式空调系统的工作过程和原理,熟悉常用的空气处理设备,掌握风机盘管式空调系统、诱导式空调系统的工作原理,熟悉分散式空调系统。

【任务引入】

在有些高档的写字楼或其他公共建筑内,四季如春,里面的空气参数是如何调节的?这些系统的工作过程和原理相同吗?家里安装的有各式空调机组,与公共建筑内设置的一样吗?

【任务分析】

本任务中,将学习空气调节系统的概念、分类及工作原理。通过该任务的学习,将对以上问题加以解决。

 相关知识

一、空气调节系统概述

为了满足人们生活和生产的需要,对送入房间的空气进行过滤净化、加热或冷却、加湿或减湿、消音等处理,达到一定的温度、湿度、清洁度和风速等方面的要求,创造良好的室内环境,这就是人们常说的"空气调节"。通过空气调节保证了人体的健康和产品的质量。

二、集中式空调系统

(一)集中式空调系统工作原理

集中式空调系统的所有空气处理设备(包括风机、冷却器、加湿器、过滤器等)集中设置在一个空调机房内,空气处理后由风道送入各房间。空气处理设备一般包括过滤器、加热器或冷却器、加湿器、消音器等。

根据集中式空调系统的送风量是否变化,可分为定风量系统和变风量系统。定风量系统的总送风量不随室内热湿负荷的变化而变化,而是根据房间最大热湿负荷确定的;变风量系统的总送风量随室内热湿负荷的变化而变化,房间热湿负荷大时,变风量系统的送风量就大;房间热湿负荷小时,变风量系统的送风量就小。

集中式空调系统设备集中,维护管理方便,房间可分别控制。其缺点是工程的初投资较大,运行管理费用高。由于风道断面大,需占用较大建筑空间,同时无法个别调节空气的参数。

(二)常用的空气处理设备

1.组合式空气处理设备

组合式空气处理设备也称为组合式空调器,是一种由厂家提供的定型产品,可完成对空气的多种处理功能,以冷热水或蒸汽为介质,用来完成对空气的过滤、加热、冷却、加湿、除湿、消声、热回收、喷水处理、新风处理和新回风混合等功能的箱体组合,是用于工业与民用建筑的大型集中式空气处理设备。组合式空调器有金属和非金属两种。

2.空气处理及处理设备

(1)空气的过滤。空气过滤器是在空调系统中净化处理含尘量较高的空气的设备。按空气过滤效率可把过滤器分为初效过滤器、中效过滤器、亚高效过滤器、高效过滤器四类。其滤尘机理主要是利用纤维对尘粒的惯性碰撞、拦截、扩散、静电等作用,净化空气。

(2)空气的加热与冷却。表面式换热器是空调系统中常用的空气处理设备,可分为表面式空气加热器和表面式空气冷却器两类。表面式空气加热器是用温度高于空气的热媒加热空气;表面式空气冷却器可使空气温度下降。若表面式空气冷却器的表面温度高于空气的露点温度,则空气在冷却过程中同时被除湿。

空气的加热也可利用电加热器进行加热空气。电加热器内的电流通过的电阻丝发热即可加热空气。电加热器可用于小型空调系统。

(3)空气的加湿与除湿。空气的加湿可利用喷蒸汽加湿、电加湿、高压喷雾加湿等。蒸汽喷管是最简单的加湿装置,在供汽管段上开有多个小孔,蒸汽在一定压力下由小孔喷出和空气混合。电加湿有电热式和电极式两种,通过加热水产生蒸汽来达到加湿的目的。另外,还有超声波加湿器和红外线加湿器等多种形式。

空气的除湿可分为升温降温、冷却减湿、吸收或吸附除湿三类。常用冷却除湿机进行除湿。冷却除湿机由制冷系统和送风系统组成。冷却除湿机的工作原理是制冷系统中的蒸发器将空气冷却除湿,经过冷凝器又把空气加热,使空气的相对湿度降低,具有一定的温度。

三、半集中式空调系统

半集中式空调系统是指集中处理部分空气,送入各房间再进行处理。半集中系统设有分散在被调房间内的二次设备(又称末端装置),其中多半设有冷热交换装置(也叫二次盘管),它的功能主要是在空气进入被调房间之前,对来自集中处理设备的空气作进一步补充处理。风机盘管式空调系统属于半集中式空调系统。诱导式空调系统也属于半集中式空调系统。

(一)风机盘管式空调系统

风机盘管式空调系统是由空调机房内的空调处理设备集中处理新风,通过风管送入室内,由在空调房间内的风机盘管循环处理室内空气。各房间可独立调节室温,占建筑空间较小,比较经济节能。风机盘管式空调系统现广泛用于宾馆、公寓、写字楼、医院等建筑。

(二)诱导式空调系统

1.全空气诱导系统

全空气诱导系统是由一次风诱引二次风(室内空气),不带有冷却或加热盘管的诱导器系统。它由一次风静压小室、喷嘴和混合箱等组成。它是将集中处理过的一次空气(冷却和去湿)送至诱导器,在一次风的高压引射作用下,将室内空气(即二次风)诱入空气混合箱中,经混合均压后,送入室内。混合后的空气温度、湿度等参数应满足室内热湿负荷的要求,运行时根据季节及负荷的不同调节一次风的送风量及空气参数。

2. 空气－水诱导系统

系统的夏季室内冷负荷由空气(集中空气处理箱得到的一次风)负担,另一部分由水(通过二次盘管加热或冷却二次风)负担。

四、分散式空调系统

把空气处理设备、风机、自动控制系统及冷、热源等统统组装在一起的空调机组,直接放在空调房间内就地处理空气的一种局部空调方式,如窗式空调器、分体式空调器及各种柜式空调器等。

任务4　空调水系统

【任务介绍】

主要介绍中央空调水系统各环路的形成、组成和原理。

【任务目标】

熟悉空调系统水的参数及各种空调水系统的设置要求。

【任务引入】

在工程中常见的中央空调水系统由哪几部分组成?分别是怎样工作的?

【任务分析】

中央空调水系统包括冷冻水和冷却水管路系统,分别完成冷媒的输送和制冷机组冷却的功能,冷冻水系统相对冷却水系统要复杂,因此本任务主要介绍了冷冻水系统的形式、组成及其工作原理。

 相关知识

一、冷、热水和冷却水的参数

(一)冷、热水参数

空气调节冷冻水、热水参数,应通过技术经济比较后确定,宜采用下列数值:

(1)空调冷冻水供水温度:5～9 ℃,一般为 7 ℃,供回水温差 5～10 ℃,一般为 5 ℃。

(2)热水供水温度:40～65 ℃,一般为 60 ℃,供回水温差 10 ℃。

(二)冷却水参数

空气调节用冷水机组和水冷整体式空调器的冷却水水温,应按下列要求确定:

(1)冷水机组的冷却水进口温度不宜高于 33 ℃。

(2)冷却水进口最低温度应按冷水机组的要求确定:电动压缩式冷水机组不宜低于15.5 ℃;溴化锂吸收式冷水机组不宜低于24 ℃。

(3)冷却水进出口温差应按冷水机组的要求确定:电动压缩式冷水机组宜取5 ℃;溴化锂吸收式冷水机组宜为5~7 ℃。

二、水管系统

水系统分为冷却水系统和冷冻水系统,如图4-11所示是两个水系统的流程图。

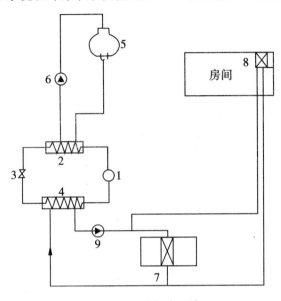

图4-11 空调水系统

1—压缩机;2—冷凝器;3—膨胀阀;4—蒸发器;5—冷却塔;6—水泵;7—空调箱;8—末端装置;9—水泵

(一)冷却水环路

如图4-11所示的冷凝器2、水泵6、冷却塔5与冷却水管路构成了简单的冷却水环路。水在冷却塔处被冷却,然后冷却冷凝器,带走它的热量,再回到冷却塔中。

(二)冷冻水环路

如图4-11所示的蒸发器4、水泵9、表面式冷却器(或喷淋室)7或空调房内的末端设备8构成了冷冻水环路。水在蒸发器处被冷却为低温水,然后由水泵送到表面式冷却器。

三、水管系统的分类

(一)开式系统和闭式系统

开式系统的末端水管与大气相通。如图4-11所示,冷却水环路中有冷却塔与大气相通,因此该系统为开式系统。

闭式系统中水环路是封闭的,与大气不相通,如图4-12所示。

(二)定水量系统与变水量系统

如果水系统中水流量不变则属定水量系统,否则为变水量系统。

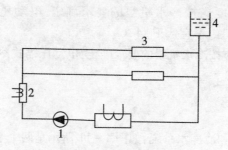

图 4 - 12　闭式水系统

1—水泵;2—蒸发器;3—用户;4—膨胀水箱

(三)单式水泵供水系统和复式水泵供水系统

冷、热源与空调设备共用水泵的水系统为单式水泵供水系统,否则为复式水泵供水系统。

(四)同程式系统和异程式系统

如果水系统中各并联环路的管道长度大致相同,总阻力大致相等,则该系统为同程式系统,否则为异程式系统。如图 4 - 13 所示,三个用户构成了并联水环路,如果各环路管道长度大致相等,如图 4 - 13(a)所示,为同程式;如果各环路布置如图 4 - 13(b)所示,则为异程式系统。

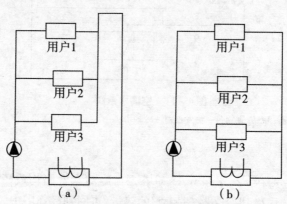

图 4 - 13　同程式系统与异程式系统

(a)同程式系统;(b)异程式系统

任务5　空调系统的冷热源

【任务介绍】

冷、热源设备是为空调提供冷量和热量的设备。本任务主要介绍冷、热源设备的种类以及工作原理。

【任务目标】

了解空调系统的冷热源种类,掌握压缩式制冷机的原理和组成,熟悉吸收式制冷和蒸汽喷射式制冷。

【任务引入】

空调的冷热源作为空调系统中的一重要组成部分,有多种形式,常用的有水源热泵、空气源热泵、冷水机组＋燃气锅炉、溴化径直燃机等。本任务介绍几种常见的制冷机以及制冷、制热的流程和原理,了解这些内容是看懂通风空调施工图中的制冷机房平面图和空调系统冷热源流程图的前提。

【任务分析】

制冷系统中制冷机作为一个主要设备,为制冷系统提供了人工冷源。因此有必要掌握常见制冷机的工作原理。

 相关知识

一、冷源设备

目前常见的冷源设备是冷水机组,它是将制冷循坏中的四大主要构件和辅助构件的全部或部分在工厂中组建成一个整体,而后出厂。这样,用户只要接上水管就可以使用,因而称为冷水机组。

常见的冷水机组有以下几种:

(1)活塞式冷水机组:由活塞式制冷压缩机、卧式壳管式冷凝器、热力膨胀阀和干式蒸发器等构成。

(2)螺杆式冷水机组:由螺杆式制冷压缩机、冷凝器、蒸发器、膨胀阀等组成。

(3)离心式冷水机组:由离心式制冷压缩机、冷凝器、蒸发器等组成。

(4)溴化锂吸收式冷水机组:这是一种以热制冷的冷水机组。如图4-14所示为溴化锂吸收式冷水机组的流程示意图。

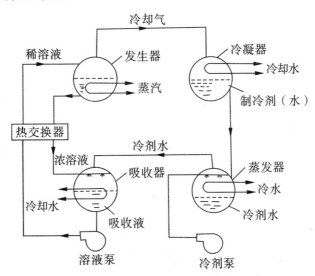

图4-14　溴化锂吸收式冷水机组流程图

二、热源设备

常见的热源设备有蒸汽锅炉、热水锅炉、各种电加热设备等,这里不再一一详述。有一种热源设备需要强调的是热泵机组,该机组夏季由蒸发器提供冷量,构成冷水机组;冬季由冷凝器提供热量,成为热水机组。如图4-15所示为一个风冷式冷、热水机组的工作原理图。

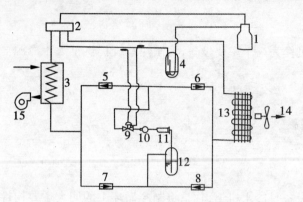

图4-15 风冷式冷、热水机组的工作原理图
1—压缩机;2—四通换向阀;3—冷热水换热器;4—气液分离器;5,6,7,8—单向阀;9—膨胀阀;
10—视液窗;11—过滤器;12—储液器;13—风冷式换热器;14—风机;15—水泵

该机组供冷运行时流程为压缩机→四通换向阀→水冷冷凝器→单向阀→储液器→过滤器→视液窗→膨胀阀→单向阀→风冷蒸发器→四通换向阀→气液分离器→压缩机。

任务6 通风空调工程施工图的识读

【任务介绍】

以某大厦建筑和某饭店建筑通风空调施工图为例,介绍了通风空调施工图的组成、表示方法、识图步骤以及识图技巧。

【任务目标】

熟悉通风空调工程施工图的组成及表示方法,掌握通风空调施工图常用图例,能看懂通风工程施工图,能看懂空调系统施工图。

【任务引入】

通风空调系统目前普遍采用的是全空气系统和空气水系统,本任务举出两例来说明通风空调施工图的识读方法。

【任务分析】

空调通风施工图的识读必须首先掌握通风空调的一些基本专业知识和通风空调系统原理。在前几个任务的学习中已初步掌握了这方面的知识,本任务首先介绍了通风空调施工图的组成;然后学习通风空调工程施工图的识读的方法和步骤;最后举例介绍通风施工图的识读方法。

相关知识

一、通风空调工程施工图的组成

通风空调工程施工图一般由两大部分组成:文字部分与图纸部分。文字部分包括图纸目录、设计施工说明、设备及主要材料表。图纸部分包括两大部分:基本图和详图。基本图包括水暖系统的平面图、剖面图、轴测图、原理图等。详图包括系统中某局部或部件的放大图、加工图、施工图等。如果详图中采用了标准图或其他工程图纸,那么在图纸目录中必须附有说明。

(一)文字说明部分

1. 图纸目录

对干数量较多的施工图纸,设计人员把它们按一定的图名和顺序编排成图纸目录,以便查阅工程设计单位、建设单位、工程名称、地点、编号、图纸名称等。图纸目录包括在该工程中使用的标准图纸或其他工程图纸目录和该工程的设计图纸目录。在图纸目录中,必须完整地列出该工程设计图纸名称、图号、工程号、图幅大小、备注等。

2. 设计施工说明

凡在图样上无法表示出来而又必须让施工人员知道的一些技术和质量方面的要求,用施工图说明加以表述。说明内容包括工程的主要技术数据、施工和验收要求及注意事项。设计施工说明包括采用的气象数据,通风空调系统的划分及具体施工要求等,有时还附有设备的明细表。具体地说,包括以下内容:

(1)需要通风空调系统的建筑概况。

(2)通风空调系统采用的室内外设计气象参数。

(3)空调房间的设计条件。包括冬季、夏季的空调房间内空气的温度、相对湿度(或湿球温度)、平均风速、新风量、噪声等级、含尘量等。

(4)空调系统的划分与组成。包括系统编号、系统所服务的区域、送风量、设计负荷、空调式、气流组织等。

(5)空调系统的设计运行工况,系统形式和控制方法。

(6)风管系统。包括统一规定、风管材料及加工方法、支吊架要求、阀门安装要求、减振做法、保温等。

(7)水管系统。包括统一规定、管材、连接方式、支吊架做法、减振做法、保温要求、阀门安装、管道试压、清洗等。

(8)设备。包括制冷设备、空调设备、供暖设备、水泵等的安装要求及做法。

(9)油漆。包括风管、水管、设备、支吊架等的除锈、油漆要求及做法。

(10)调试和试运行方法及步骤。

(11)施工说明应明确设计中使用的材料和附件,系统的工作压力和试压要求;施工安装要求及注意事项等。

(12)应遵守的施工规范、规定等。

3.设备及主要材料明细表

设备及主要材料明细表指该项工程所需的各种设备和各类管道、管件、阀门及防腐、保温材料的名称、规定、型号、数量明细表,如表4-1所示。

表4-1 设备及主要材料格式表

系统编号	设备编号	名称	型号规格	单位	数量	备注
设备及主要材料表						

4.图例(见表4-2)

表4-2 通风空调常见图例

序号	名称	图例	附注
	系统编号		
1	送风系统	——— S ———	
2	排风系统	——— P ———	
3	空调系统	——— K ———	
4	新风系统	——— X ———	
5	回风系统	——— H ———	
6	排烟系统	——— PY ———	
7	制冷系统	——— L ———	两个系统以上时,应进行系统编号
8	除尘系统	——— C ———	
9	采暖系统	——— N ———	
10	洁净系统	——— J ———	
11	正压送风系统	——— ZS ———	
12	人防送风系统	——— RS ———	
13	人防排风系统	——— RP ———	
	各类水、汽管		
1	蒸汽管	——— Z ———	

续表

序号	名称	图例	附注
2	凝结水管	——— N ———	
3	膨胀水管	——— P ———	
4	补给水管	——— G ———	
5	信号管	——— X ———	
6	溢排管	——— Y ———	
7	空调供水管	——— L_1 ———	
8	空调回水管	——— L_2 ———	
9	冷凝水管	——— n ———	
10	冷却供水管	——— LG_1 ———	
11	冷却回水管	——— LG_2 ———	
12	软化水管	——— RH ———	
13	盐水管	——— YS ———	
	冷剂管道		
1	氟气管	——— FQ ———	
2	氟液管	——— FY ———	
3	氨气管	——— AQ ———	
4	氨液管	——— AY ———	
5	平衡管	——— P ———	
6	放油管	——— Y ———	
7	放空管	——— k ———	

续表

序号	名称	图例	附注
8	不凝性气体管	—— b ——	
9	紧急泄氨管	—— j ——	
10	热氨冲霜管	—— as ——	
	风管		
1	送风管、新(进)风管		
2	回风管、排风管		
3	混凝土或砖砌风管		
4	异径风管		
5	天圆地方		
6	柔性风管		
7	风管检查孔		
8	风管测定孔		

续表

序号	名称	图例	附注
9	矩形三通		
10	圆形三通		
11	弯头		
12	带导流片弯头		
	各种阀门及附件		
1	安全阀		
2	蝶阀		
3	手动排气阀		
	风阀及附件		
1	插板阀		
2	蝶阀		

续表

序号	名称	图例	附注
3	手动对开式多叶调节阀		
4	电动对开式多叶调节阀		
5	三通调节阀		
6	防火(调节阀)		
7	余压阀		
8	止回阀		
9	送风口		
10	回风口		

续表

序号	名称	图例	附注
11	方形散流器		
12	圆形散流器		
13	伞形风帽		
14	锥形风帽		
15	筒形风帽		
	通风、空调、制冷设备		
1	离心式通风机		
2	轴流式通风机		
3	离心式水泵		

续表

序号	名称	图例	附注
4	制冷压缩机		
5	水冷机组		
6	空气过滤器		
7	空气加热器		
8	空气冷却器		
9	空气加湿器		
10	窗式空调器		
11	风机盘管		
12	消声器		
13	减振器		
14	消声弯头		
15	喷雾排管		

续表

序号	名称	图例	附注
16	挡水板		
17	水过滤器		
18	通风空调设备		
控制和调节执行机构			
1	手动元件		
2	自动元件		
3	弹簧执行机构		
4	重力执行机构		
5	浮动执行机构		
6	活塞执行机构		
7	膜片执行机构		
8	电动执行机构		
9	电磁执行机构		
10	遥控	对于……	

续表

序号	名称	图例	附注
传感元件			
1	温度传感元件		
2	压力传感元件		
3	流量传感元件		
4	湿度传感元件		
5	液位传感元件	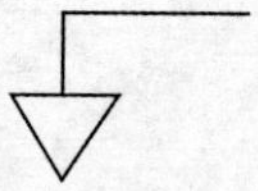	
仪表			
1	指示器(计)		
2	记录仪		

（二）图纸部分

1. 平面图

平面图是施工图中最基本的图样，主要表示建（构）筑物和设备的平面分布，各种管路的走向、排列和各部分的长宽尺寸，以及每根管子的坡度和坡向、管径和标高等具体数据。平面图包括建筑物各层面通风空调系统的平面图、各种设备机房平面图、各种冷热媒管道的布置、各种阀的具体位置等，平面图上本专业所需的建筑物轮廓应与建筑图一致。平面图包括建筑物各层面的整体布局。通风空调平面图包括建筑物各层面各通风空调面图、空调机房平面图、制冷机房平面图等。

2. 通风空调系统平面图

通风空调系统平面图主要包括通风空调系统的设备、通风管道、冷热媒管道、凝结水管道以及各种阀门的平面布置。它的内容主要包括：

（1）风管系统。一般以双线绘出。包括风管系统的构成和布置及风管上各部件、设备的位置。例如，异径管、三通接头、四通接头，弯管、检查孔、测定孔、调节阀、防火阀、送风口、排风口等。并且注明系统编号、送回风口的空气流动方向。

(2)水管系统。一般以单线绘出。包括冷、热媒管道、凝结水管道的构成,布置及水管上各部件、设备的位置。例如,异径管、三通接头、四通接头、弯管、温度计、压力表、调节阀等。并且注明冷、热媒管道内的水流动方向、坡度。

(3)空气处理设备。包括各设备的轮廓、位置。

(4)尺寸标注。包括各种管道、设备、部件的尺寸大小、定位尺寸以及设备基础的主要尺寸。还有各设备、部件的名称、型号、规格等,消声器、调节阀、防火阀等各种部件位置及风管、风口的气流方向。

3. 空调机房平面图

空调机房平面图一般包括以下内容:

(1)空气处理设备。注明按标准图集或产品样本要求所采用的空调器组合段代号,空调箱内风机、加热器、表冷器、加湿器等设备的型号、数量,以及该设备的定位尺寸。

(2)风管系统。用双线表示,包括空调箱相连接的送风管、回风管、新风管。

(3)水管系统。用单线表示,包括与空调箱相连接的冷、热媒管道、凝结水管道。

(4)尺寸标注。包括各管道、设备、部件的尺寸大小、定位尺寸。

其他的还有消声设备、柔性短管、防火阀、调节阀门的位置尺寸。

4. 冷冻机房平面图

冷冻机房与空调机房是两个不同概念,冷冻机房内的主要设备为空调机房内的主要设备——空调箱——提供冷媒或热媒,也就是说与空调箱相连接的冷、热媒管道内的液体来自于冷冻机房,而且最终又回到冷冻机房。因此冷冻机房平面图的内容主要有:制冷机组型号与台数、冷冻水泵、冷凝水泵的型号与台数、冷(热)媒管道的布置以及各设备、管道和管道上的配件(如过滤器、闸门等)的尺寸大小和定位尺寸。

5. 剖面图

剖面图总是与平面图相对应的,用来说明平面图上无法表明的事情。因此,与平面图相对应,通风空调施工图中剖面图主要有通风空调系统剖面图、通风空调机房剖面图、冷冻机房剖面图等。至于剖面和位置,在平面图上都有说明。由此可见剖面图上的内容与平面图上的内容是一致的,有所区别的一点是:剖面图上还标注有设备、管道及配件的高度。

6. 系统图(轴测图)

系统图采用的坐标是三维的。它的作用是从总体上表明水暖系统在整体上连接的情况,包括管道的尺寸、各种设备的型号、数量等。系统图主要是用来表明连接于各设备之间的管道在空间的曲折、交叉、走向和尺寸,同时应注明各趟管道的标号。

系统轴测图的作用主要是从总体上表明所讨论的系统构成情况及各种尺寸、型号、数量等。它应当包括系统中设备、配件、尺寸、定位尺寸、数量以及连接于各设备之间的管道在空间的曲折、交叉、走向和尺寸、定位尺寸等。系统轴测图上还应注明该系统的编号,系统图的基本要素应与平面图相对应。系统图有时也能替代主面图或剖面图,如室内空调工程图主要由平面图和系统图组成。在识图时应注意以下几个问题:

(1)通风空调系统图宜采用单线绘制。

(2)通风空调系统图宜采用与相对应的平面图相同的比例绘制。

(3)通风空调系统图中的重叠、密集处可断开引出绘制。相应的断开处宜用相同的小写拉丁字母注明。

7.流程图（或原理图）

流程图一般包括系统的原理和流程,流程图是对一项工程的整个工艺过程的表示。通过它可对设备的位号、建(构)筑物的名称及整个系统的仪表控制点有全面的了解,同时对管道的规格、编号及其输送的介质、流向,以及主要控制阀门等也有确切的了解。系统流程图应绘制出设备、阀门、控制仪表、配件、标注介质流向、管井及设备编号。流程图可不按照比例和投影规则绘制,但管路分支应与平面图相符。水管路竖向输送时,应绘制立管图,并编号,注明管径、坡向、标高等。

空调原理图主要包括以下内容:系统的原理和流程;空调房间的设计参数、冷热源、空气处理和输送方式;控制系统之间的相互关系;系统中的管道、设备、仪表、部件;整个系统控制点与测点间的联系;控制方案及控制点参数;用图例表示的仪表、控制元件型号等。

8.详图

详图表示一组设备的配管或一组管配件组合安装的图样。详图的特点是用双线图表示,对物体有真实感,并对组装体各部位详细尺寸都作了注记。系统的各种设备及零部件施工安装,应注明采用的标准图、通用图的图名图号,如果没有现成图纸,且需要交待设计意图的,均需绘制详图。简单的详图,可就图引出;绘局部详图、制作详图或安装复杂的详图应单独绘制。

9.立面图和剖面图

立面图和剖面图主要表达建(构)筑物和设备的立面分布,管线垂直方向上的排列和走向,以及每路管线的编号、管径和标高等具体数据。

10.节点图

节点图表示某一部分管道的详细结构及尺寸,是对平面图和其他施工图所不能反映清楚的某点图形的放大。节点用代号表示它所在部位。

11.标准图

标准图是一种具有通用性质的图样,图中标有成组管道、设备或部件的具体图形和详细尺寸,一般不能作为单独施工的图纸,只能作某些施工图的组成部分。标准图一般由有关单位出版标准图集,作为国家标准或者部门标准予以颁发。对于引用标准图集的图纸,还应注明所用的通用图、标准图索引号。对于恒温恒湿房间,应注明房间各参数的基准值和精度要求。

二、通风空调工程施工图的识读

（一）通风空调施工图的特点

1.通风空调施工图的图例

通风空调施工图上的图形有时不能反映实物的具体形象和结构,它采用了国家统一规定的图例符号来表示。因此,对于每一个施工者来说,阅读前,应当了解并掌握与图纸有关的图例符号所代表的含义。图例符号应当按照相关规定进行绘制,并在图纸上明确给出,图例应当涵盖整套图纸中所涉及的内容,个别出现较少的内容可在图中用文字表示。

2.通风空调系统环路的独立性

在通风空调系统施工图上包括有许多环路,如风管环路(进风、排风、排烟、防烟)、水管环路(冷凝水、冷冻水、冷却水),这些环路在实际运行时都按照自己的特点流动,具备相应的独立性。

3.通风空调系统的多样性和复杂性

由于通风空调系统安装的内容较多,如各种水管、风管、设备、阀门等,决定了其施工图内容的复杂性。因此一般情况下,在绘制通风空调图时,往往按照土建的建筑图分别给出其通风平面图、空调平面图、机房平面图。同时为表达清楚,还要给出相应的流程图、剖面图、详图等,以更为准确地表达图纸的内容。

4.与各专业施工的密切性

安装通风空调系统中的各种管道、设备及各种配件都需要和土建的围护结构发生关联,同时,在施工中各种管道(如水、暖、电、通风等管道)相互之间也要发生交叉碰撞。因此,施工人员不仅要能够看懂本专业的图纸,还应适当掌握其他专业的图纸内容,避免施工中一些不必要的麻烦。

(二)通风空调施工图的识图

1.识图方法

先识读平面图;再对照系统流程图识读;最后识读详图和标准图。

(1)室内平面图识读。读图时先识读底层平面图,然后识读各层平面图。识读底层平面图时,先识读机房设备和各种空调设备等;再识读水管路系统进水管和出水管、凝结水管,连接冷却塔的冷却水进水管和出水管;最后识读通风系统的送风管、排风排烟管。

(2)空调系统图识读。读图时先将空调系统流程图与平面图对照,找出系统图中与平面图中相同编号的引入管和立管,然后按引入管及立、干、支管顺序识读。

(3)通风系统图识读。读图时先将通风系统流程图与平面图对照,找出系统流程图中与平面图中相同编号的排风排烟管、进风管,然后按支、干、立管及排出管顺序识读。

2.识图举例

(1)某大厦多功能厅空调施工图。如图4-16所示为多功能厅空调平面图。如图4-17所示为风管系统轴测图。

从图4-16、图4-17可以看出,空调箱设在机房内。有了这个大致印象,就可以开始识图。我们在这里仅识读风管系统。首先,我们从空调机房开始。空调机房 C 轴外墙上有一带调节阀的风管(630 mm×1 000 mm),这是新风管,空调系统由此新风管从室外吸入新鲜空气以补充室内人员消耗的氧气。在空调机房 2 轴内墙上,有一消声器 4,这是回风管,室内大部分空气由此消声器吸入回到空调机房。空调机房内有一空调箱 1,该空调箱在其侧面下部有一不接风管的进风口(很短仅 50~100 mm),新风与回风在空调机房内混合后就被空调箱由此进风口吸入,经冷热处理,由空调箱顶部的出风口送至送风干管。首先,送风经过防火阀,然后经过消声器 2、流入送风管 1 250 mm×500 mm,在这里分出第一个分支管 800 mm×500 mm,再往前流,经过管道 800 mm×500 mm,又分出第二个分支管 800 mm×250 mm,继续住前流,即流向第三个分支管 800 mm×250 mm,在第三个分支管上有 240 mm×240 mm 方形散流器 3 共六个,送风便通过这些方形散流器送入多功能厅。然后,大部分回风经消声器 2 回到空调机房,与新风混合被吸入空调箱 1 的进风口,完成一次循环。另一小部分室内空气经门窗缝隙渗到室外。

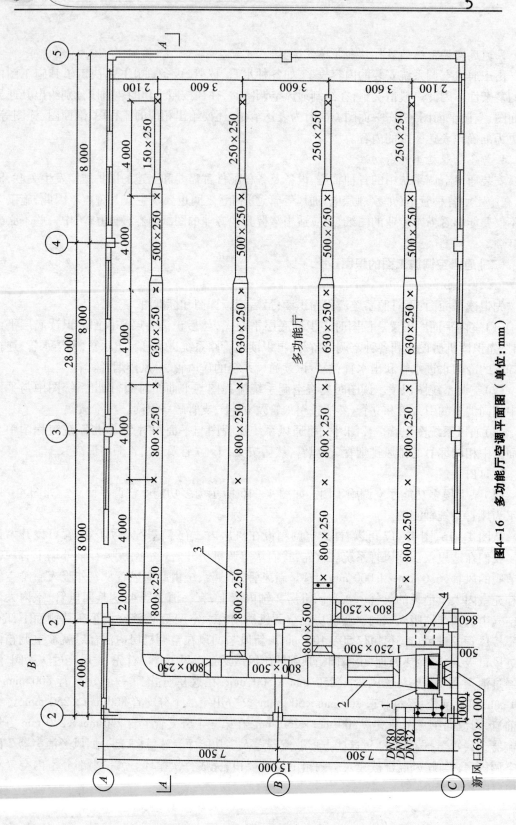

图4-16 多功能厅空调平面图（单位：mm）

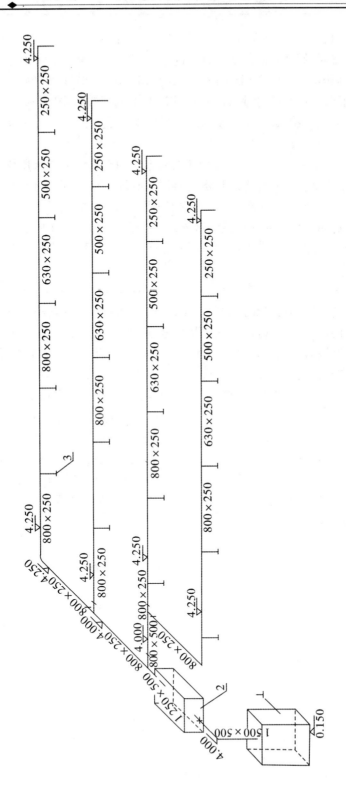

图4-17　多功能厅空调风管系统轴测图（单位：mm）

系统的轴测图清晰地表示出该空调系统的构成,管道空间走向及设备的布置情况。将平面图和轴测图对照起来看,我们就可清楚地了解到这个带有新、回风的空调系统的情况。首先是多功能厅的空气从地面附近通过消声器4被吸入到空调机房,同时新风也从室外被吸入到空调机房,新风与回风混合后从空调箱进风口吸入到空调箱内,经空调箱冷热处理后经送风管道送至多功能厅送风方形散流器风口,空气便送入了多功能厅,这显然是一个一次回风的全空气风系统,至此,风系统识图完成。

（2）某饭店空气调节管道布置图。一些饭店建筑对客房的空气调节常采用风机盘管为末端交换设备,用直径较小的水管送入冷水或热水,即可起到降温或者升温的作用。另外,在建筑物每层设置(或几层合设)独立的新风管道系统,把采用体积较小的变风量空调箱处理过的空气用小截面管道送入房间作为补充的新风。这样,在建筑内同时就存在用于空气调节的水管和风管两种管道系统。因此,当一个平面图中不能清晰地表达两种管道系统时,则应分别画成两个平面图。

如图4-18所示为某饭店顶层客房采用风机盘管作为末端空调设备的新风系统布置图。

风机盘管只能使室内空气进行热交换循环作用,故需补充一定量的新鲜空气。本系统的新风进口设在下层一个能使室外空气进入的房间内,是与下层房间的系统共用的,它主要在管道起始处装一个变风量空调器。这个变风量空调箱外形为矩形箱体,进风口处有过滤网,箱内有热交换器和通风机,空气经处理后即送入管道系统。如图4-18所示,本层风管系自建筑右后角的房间接来,风管截面为1 000 mm×140 mm,到达本层中间走廊口分为二支截面为500 mm×140 mm的干管沿走廊并行装设,后面的一支干管转弯后截面变小为500 mm×120 mm。由干管再分出一些截面为160 mm×120 mm的支风管把空气送入客房。如图4-18所示房间的风机盘管除前面房间有立式明装外,其余都是卧式暗装,多数装在客房进门走道的顶棚上,并在出口加接一段风管,使空气直接送入房内。有两套较大客房(编号C和D)内各加装了卧式风机盘管一个,加接的风管由干管上部接出,经过一段水平管之后向下弯曲,使出风口朝下,这与其他客房不同。

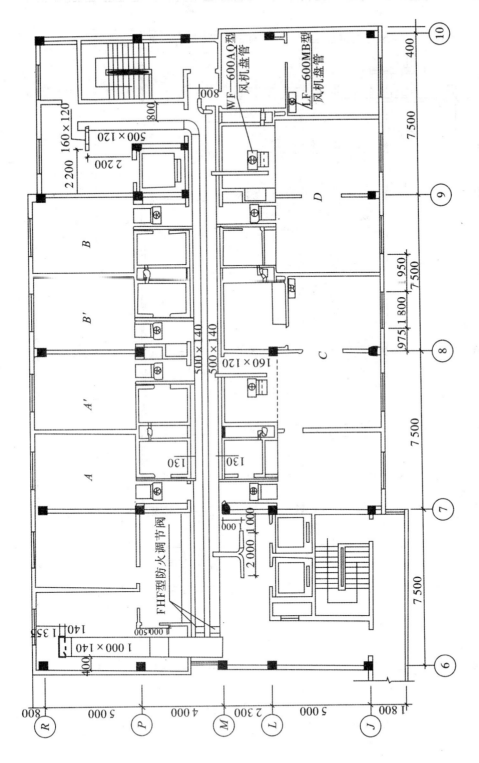

图4-18　某饭店顶层客房风机盘管新风布置平面图（单位：mm）

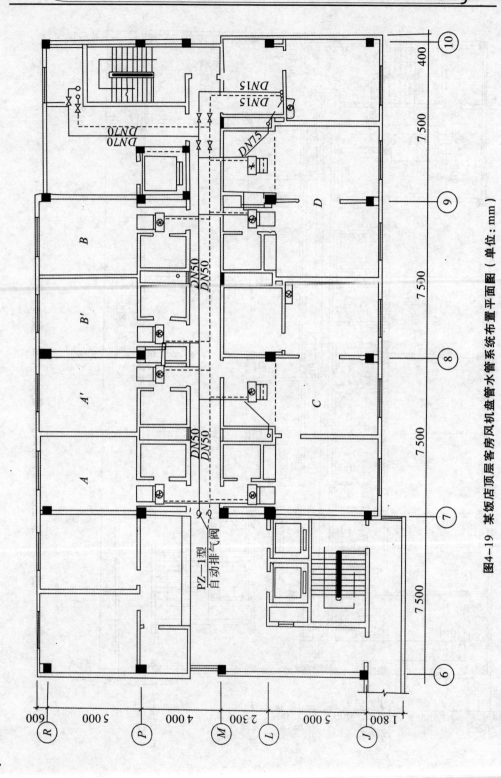

图4—19 某饭店顶层客房风机盘管水管系统布置平面图（单位：mm）

如图4-19所示为该客房顶层风机盘管水管系统布置平面图。供水及回水干管都自建筑右后部位楼梯旁专设的垂直管道井中的垂直干管接连，水平供水干管沿走廊装设并分出许多DN15的支管向风机盘管供水。由盘管出来的回水用DN15的支管接到水平回水干管，再接到垂直干管回流到制冷机房，经冷热处理后再次利用。该层右前面的房间内有一个明装的立式风机盘管，它的供、回水支管的布置较特别，其他各支管与干管的连接情形都是一样的。此外，在C号客房中也有一个明装立式风机盘管。它的供、回水是由下一层的水管系统接来的，故图中未画出水管。水平干管的末端装有PZ—1型自动排气阀，以便把供、回水管中的气体排出。另外，在盘管的降温过程中，产生由空气中析出的凝结水，先集中到盘管下方的一个水盘内，再由接在水盘的DN15凝结水管（用细点划线画出）接往附近的下水管。若附近无下水道，则专设垂直管道将凝结水接往建筑底层，汇合后通往下水道。

如图4-20所示为图4-19所示水管系统的轴测图（部分）。图中表达了这个水管的概况，看图可一目了然。

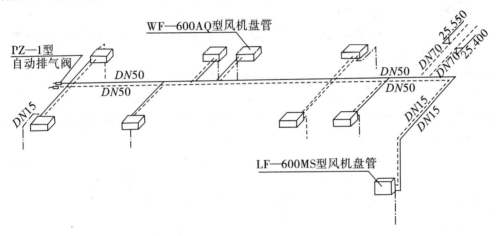

图4-20　风机盘管水管系统轴测图（单位：mm）

参 考 文 献

[1] 中国工程建设标准化协会组织. 建筑给水排水设计规范(GB 50015—2003). 北京:中国建筑工业出版社,2007.

[2] 中国有色工程设计研究总院. 采暖通风与空气调节设计规范(GB 50019—2003). 北京:中国计划出版社,2004.

[3] 中华人民共和国建设部. 给水排水制图标准(GB/T 50106—2001). 北京:中国计划出版社,2006.

[4] 中华人民共和国建设部. 暖通空调制图标准(GB/T 50114—2001). 北京:中国计划出版社,2002.

[5] 中华人民共和国建设部. 房屋建筑制图统一标准(GB/T 50001—2001). 北京:中国计划出版社,2002.

[6] 山东省标准设计办公室. 太阳能热水系统建筑一体化设计与应用[M]. 北京:中国建筑工业出版社,2007.

[7] 王东萍. 建筑水暖设备安装[M]. 北京:机械工业出版社,2006.

[8] 王东萍,王维红. 建筑设备工程[M]. 哈尔滨:哈尔滨工业大学出版社,2009.

[9] 文桂萍. 建筑设备安装与识图[M]. 北京:机械工业出版社,2010.

[10] 靳慧征,李斌. 建筑设备基础知识与识图[M]. 北京:北京大学出版社,2010.

[11] 于国清. 建筑设备工程 CAD 制图与识图[M]. 2 版. 北京:机械工业出版社,2010.

[12] 杨建中,尚琛煦. 建筑设备[M]. 北京:中国水利水电出版社,2010.

[13] 张玉萍. 新编建筑设备工程[M]. 北京:化学工业出版社,2008.

[14] 区世强. 建筑设备[M]. 北京:中国建筑工业出版社,1997.

[15] 张思忠. 建筑设备[M]. 郑州:黄河水利出版社,2011.

本书配有电子课件,供任课教师免费使用,索取方式:bolinwenhua@163.com。